面向高等职业院校基于工作过程项目式系列教材

企业级卓越人才培养解决方案规划教材

全景效果图案例设计教程

天津滨海迅腾科技集团有限公司　编著

天津大学出版社

TIANJIN UNIVERSITY PRESS

图书在版编目(CIP)数据

全景效果图案例设计教程/天津滨海迅腾科技集团
有限公司编著. — 天津 : 天津大学出版社, 2021.3
面向高等职业院校基于工作过程项目式系列教材　企
业级卓越人才培养解决方案规划教材
ISBN 978-7-5618-6877-5

Ⅰ.①全… Ⅱ.①天… Ⅲ.①室内装饰设计－高等职
业教育－教材 Ⅳ.①TU238

中国版本图书馆CIP数据核字(2021)第040776号

主　编：杨　娜　陈晓冰
副主编：艾静蕊　韩玲玲　梁艳玲　王淑敏
　　　　娄志刚　李增续　陈乃超

出版发行	天津大学出版社
地　　址	天津市卫津路92号天津大学内(邮编:300072)
电　　话	发行部:022-27403647
网　　址	www.tjupress.com.cn
印　　刷	廊坊市海涛印刷有限公司
经　　销	全国各地新华书店
开　　本	185mm×260mm
印　　张	8
字　　数	200千
版　　次	2021年3月第1版
印　　次	2021年3月第1次
定　　价	59.00元

面向高等职业院校基于工作过程项目式系列教材
企业级卓越人才培养解决方案规划教材
编写委员会

陈章侠　德州职业技术学院
王作鹏　烟台职业学院
郑开阳　枣庄职业学院
景悦林　威海职业学院
常中华　青岛职业技术学院
张洪忠　临沂职业学院
宋　军　山西工程职业学院
刘月红　晋中职业技术学院
田祥宇　山西金融职业学院
任利成　山西轻工职业技术学院
赵　娟　山西旅游职业学院
陈　炯　山西职业技术学院
范文涵　山西财贸职业技术学院
郭社军　河北交通职业技术学院
麻士琦　衡水职业技术学院
娄志刚　唐山科技职业技术学院
刘少坤　河北工业职业技术学院
尹立云　宣化科技职业学院
廉新宇　唐山工业职业技术学院
崔爱红　石家庄信息工程职业学院
郭长庚　许昌职业技术学院
李庶泉　周口职业技术学院
周　勇　四川华新现代职业学院
周仲文　四川广播电视大学
张雅珍　陕西工商职业学院
夏东盛　陕西工业职业技术学院
景海萍　陕西财经职业技术学院
许国强　湖南有色金属职业技术学院
许　磊　重庆电子工程职业学院
谭维齐　安庆职业技术学院
董新民　安徽国际商务职业学院
孙　刚　南京信息职业技术学院
李洪德　青海柴达木职业技术学院
王国强　甘肃交通职业技术学院

基于产教融合校企共建产业学院创新体系简介

  基于产教融合校企共建产业学院创新体系是天津滨海迅腾科技集团有限公司联合国内几十所高校,结合数十个行业协会及 1 000 余家行业领军企业的人才需求标准,在高校中实施十年而形成的一项科技成果,该成果于 2019 年 1 月在天津市高新技术成果转化中心组织的科学技术成果鉴定中被鉴定为国内领先水平。该成果是贯彻落实《国务院关于印发国家职业教育改革实施方案的通知》(国发〔2019〕4 号)的深度实践,开发出了具有自主知识产权的"标准化产品体系"(含 329 项具有知识产权的实施产品)。从产业、项目到专业、课程,形成了系统化的操作实施标准,构建了具有企业特色的产教融合校企合作运营标准"十个共",实施标准"九个基于",创新标准"七个融合"等全系列、可操作、可复制的产教融合系列标准,取得了高等职业院校校企深度合作的系统性成果。该成果通过企业级卓越人才培养解决方案(以下简称解决方案)具体实施。

  该解决方案是面向我国职业教育量身定制的应用型技术技能人才培养解决方案,是以教育部—滨海迅腾科技集团产学合作协同育人项目为依托,依靠集团的研发实力,通过联合国内职业教育领域相关的政策研究机构、行业、企业、职业院校共同研究与实践获得的方案。本解决方案坚持"创新校企融合协同育人,推进校企合作模式改革"的宗旨,消化吸收德国"双元制"应用型人才培养模式,深入践行基于工作过程"项目化"及"系统化"的教学方法,形成工程实践创新培养的企业化培养解决方案,在服务国家战略——京津冀教育协同发展、中国制造 2025(工业信息化)等领域培养不同层次的技术技能型人才,为推进我国实现教育现代化发挥了积极作用。

  该解决方案由初、中、高三个培养阶段构成,包含技术技能培养体系(人才培养方案、专业教程、课程标准、标准课程包、企业项目包、考评体系、认证体系、社会服务及师资培训)、教学管理体系、就业管理体系、创新创业体系等,采用校企融合、产学融合、师资融合"三融合"的模式在高校内共建大数据(AI)学院、互联网学院、软件学院、电子商务学院、设计学院、智慧物流学院、智能制造学院等,并以"卓越工程师培养计划"项目的形式推行,将企业人才需求标准、工作流程、研发规范、考评体系、企业管理体系引进课堂,充分发挥校企双方的优势,推动校企、校际合作,促进区域优质资源共建共享,实现卓越人才培养目标,达到企业人才招录的标准。本解决方案已在全国几十所高校实施,目前形成了企业、高校、学生三方共赢的格局。

  天津滨海迅腾科技集团有限公司创建于 2004 年,是以 IT 产业为主导的高科技企业集团。集团业务范围覆盖信息化集成、软件研发、职业教育、电子商务、互联网服务、生物科技、健康产业、日化产业等。集团以科技产业为背景,与高校共同开展"三融合"的校企合作混合所有制项目。多年来,集团打造了以博士研究生、硕士研究生、企业一线工程师为主导的科研及教学团队,培养了大批互联网行业应用型技术人才。集团先后荣获全国模范和谐企业、国家级高新技术企业、天津市"五一"劳动奖状先进集体、天津市"AAA"级劳动关系和谐企业、天津市"文明单位"、天津市"工人先锋号"、天津市"青年文明号"、天津市"功勋企业"、天津市"科技小巨人企业"、天津市"高科技型领军企业"等近百项荣誉。集团将以"中国梦,腾之梦"为指导思想,深化产教融合,坚持围绕产业需求,坚持利用科技创新推动生产,坚持激发职业教育发展活力,形成"产业+科技+教育"生态,为我国职业教育深化产教融合、校企合作的创新发展作出更大贡献。

前　　言

在当前国内室内设计行业中,全景效果图制作是必备的一项专业技能。目前行业内效果图制作软件、高职院校及培训学校专业制图软件都以 3DMax 为主,虽然 3DMax 功能强大,但是操作难度比较大,需要大量的课时及极高的学习兴趣。

当下高职毕业生初入职场时需具有效果图绘制技能,而 2+1 工学交替学习模式压缩了大量的课时,所以在校期间有限的课时数并不能使学生具备良好的绘图能力。由此,出现了教学与实际应用互相矛盾的实际情况。

为了让学生快速掌握效果图绘图技能并运用于实践当中,酷家乐室内云设计软件出现了。酷家乐是以分布式并行计算和多媒体数据挖掘为技术核心的 VR 智能室内设计平台,于 2013 年 11 月上线。

酷家乐致力于云渲染、云设计、BIM、VR、AR、AI 等技术的研发,实现"所见即所得"的全景 VR 设计装修新模式,可以 5 分钟生成装修方案,10 秒生成效果图,一键生成 VR 方案。使用酷家乐用户可以通过电脑在线完成户型搜索、绘制、改造,拖曳模型进行室内设计,快速渲染预见装修效果。

目前,平台拥有覆盖全国 90% 的户型库,吸引了超过 300 万室内设计师(覆盖全国 40% 的室内设计师)和超 1000 万业主用户。酷家乐已服务于小米、美克美家、林氏木业、顾家家居、博洛尼等 12000 家品牌企业,市场覆盖率超过 70%。

本书通过实践案例操作进行编排,每个章节都设有学习重点、学习目标、任务描述、任务技能。结构条理清晰,内容详细,任务实施可以将所有的理论知识充分应用到实际操作当中。

本书由杨娜、陈晓冰担任主编,艾静蕊、韩玲玲、梁艳玲、王淑敏、娄志刚、李增绪、陈乃超担任副主编,杨娜、陈晓冰负责整书编排。第一章由杨娜、陈晓冰编写,第二章由艾静蕊、韩玲玲编写,第三章由梁艳玲、王淑敏编写,第四章由娄志刚、李增绪编写,第五章由陈乃超编写。

本书理论内容简明、扼要,实例操作讲解细致、步骤清晰,实现了理实结合,操作步骤后有相对应的效果图,便于读者直观、清晰地看到操作效果,牢记书中的操作步骤,使读者在进行室内设计相关工作的过程中更加顺利。

天津滨海迅腾科技集团有限公司

2020 年 12 月

目　　录

第一章　户型工具

一、本章重点

1. 熟悉户型工具的界面。
2. 掌握创建户型的几种方法。
3. 了解使用工具过程中的重点。

二、学习目标

通过对本章的学习,可以熟悉户型工具的界面,并且熟练应用四种不同的户型绘制方法,能够自主绘制出户型,掌握其中的绘制要点。

三、建议学时

4 学时

酷家乐是一款高效且便捷的云端设计工具,为室内设计及建筑设计方向的学子提供了极大的便利,学习起来容易上手。同时,酷家乐里涵盖了全国 90% 的户型库,在学习的过程中,可以直接在户型工具中进行 DIY 设计搜索,也可以在户型工具中通过绘制完成户型设计。在酷家乐户型工具中,配备了布置、测量、注释等实用功能,能够在制作图纸的过程中方便且快捷地展示自己的方案和思路。

第一节　认识户型工具界面

本节知识点:熟悉户型工具界面,了解基本功能。(图 1-1-1)

图 1-1-1

（1）使用酷家乐绘图有两种方式，一种是下载酷家乐的 APP，另一种是进入酷家乐的网站（www.kujiale.com），注册一个账号，登录后进入首页，单击"开始设计"（图 1-1-1），打开如图 1-1-2 所示界面。

图 1-1-2

（2）进入图 1-1-2 所示界面后，就可以看到四种不同的绘制户型方法，单击第一个方法——自由绘制（图 1-1-3）。

图 1-1-3

（3）单击进入如图 1-1-4 所示界面后，先来认识一下自由绘制户型界面的工具。

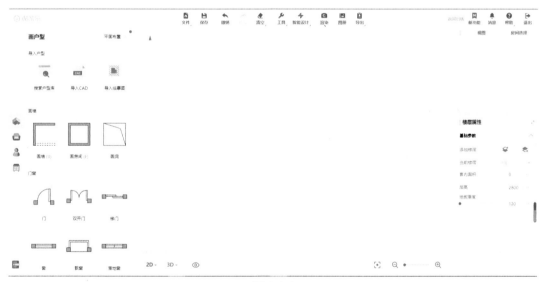

图 1-1-4

（4）界面分为四部分。第一部分如图 1-1-5 和图 1-1-6 所示，图 1-1-5 中红色框中的部分是绘制户型的工具，可以用线条画墙，也可以直接画房间，包括复式结构中会用到的画洞工具；在绘制完户型后，可以给户型中添置门窗，放置房体结构中常见的梁、柱子等构件（图1-1-6 红框中）。

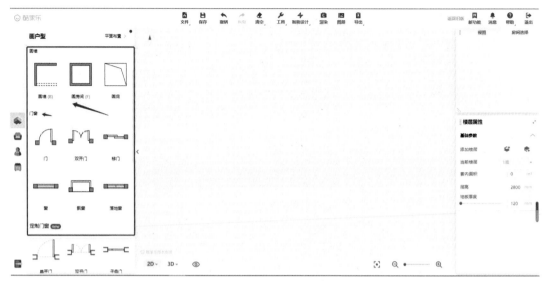

图 1-1-5

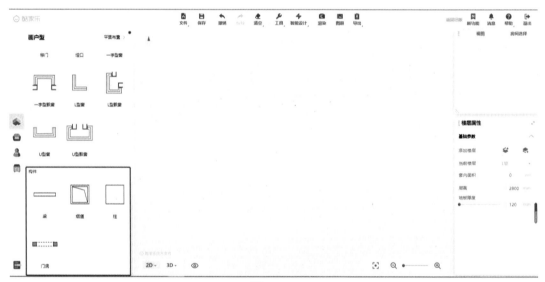

图 1-1-6

（5）第二部分是使用工具，如图 1-1-7 红框内所示，这一部分工具主要用来新建方案、保存方案、撤销操作，其中工具栏下拉面板中（图 1-1-8）有测量、标注、户型翻转，需要注意一点，户型翻转时一定要在画好户型后就开始翻转，如果添加了家具和造型，就不好翻转了。

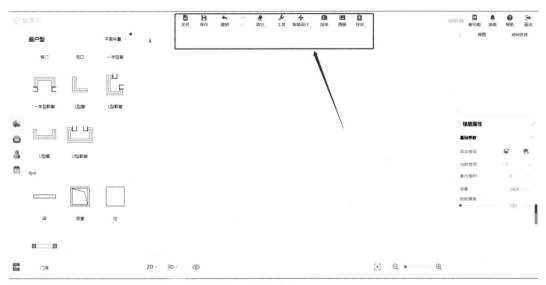

图 1-1-7

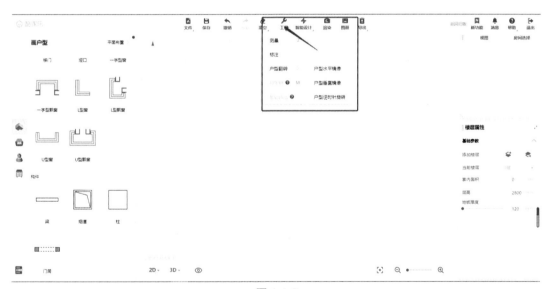

图 1-1-8

（6）第三部分是修改属性工具（图 1-1-9），在这个区域中，可以修改楼层层高、墙体尺寸等；需要注意的是，修改后要按"回车键"完成修改；还可以做复式结构，添加楼层。

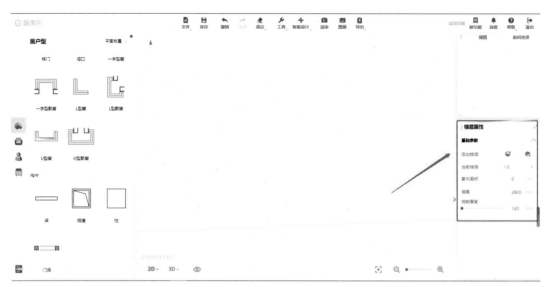

图 1-1-9

（7）第四部分是界面的最下方（图 1-1-10），可以看到 2D、3D 字样，还有一个眼睛形状的图标。这个部分可以切换界面，2D 中有"平面""顶面""立面"，3D 中有"鸟瞰"及"漫游"，眼睛形状的图标可以用来显示和隐藏物体。

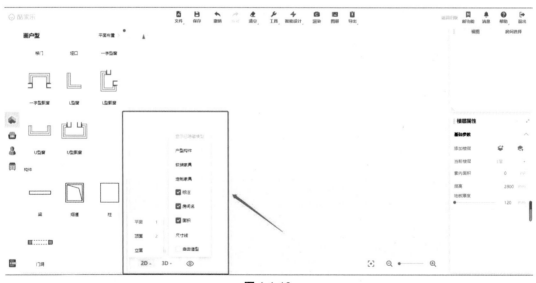

图 1-1-10

第二节　创建户型——自己创建户型

本节知识点：熟练运用绘制工具，重点是画墙工具，这里着重讲解使用步骤及注意点。

（1）单击画墙之后，会在绘图区域出现关于墙体的绘制位置及厚度设置（图 1-2-1），可以根据量房户型的墙体厚度进行相应的设置。这里需要勾选吸附与正交，这样可以保证在绘制图形的过程中做到点与点之间连接时会自动吸附,也可以保证墙体线画出来是直线,若取消勾选正交,可以绘制倾斜的墙体线。

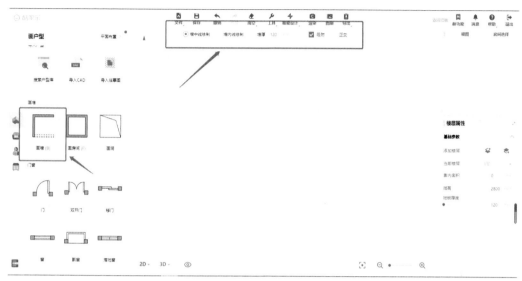

图 1-2-1

（2）完成设置之后就可以绘制户型了,在绘图区域单击鼠标左键,松开左键,拖动鼠标,在拖动的过程中会出现蓝色框,在框里可以直接输入要绘制的数字（图 1-2-2）,按"回车键"完成第一个墙体的绘制。

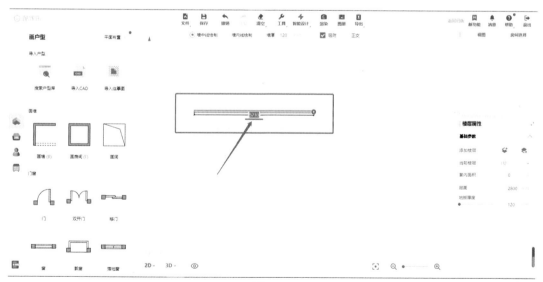

图 1-2-2

（3）在绘制第二条墙体线时,因为打开了吸附工具,所以可以发现绘制的第二条墙体线的起始点会自动吸附到第一条墙体线的终点上（图 1-2-3）。在绘制完所有墙体后,按下ESC 或者单击鼠标右键均可结束绘制（图 1-2-4）。

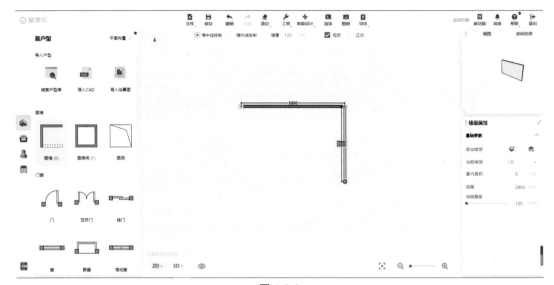

图 1-2-3

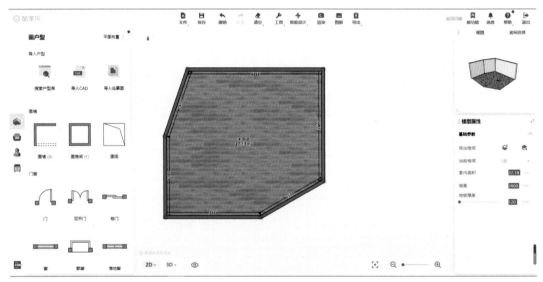

图 1-2-4

（4）若在初始设置中设置墙内线绘制，更会发现，同样的墙体尺寸绘制在完成之后所显示出来的墙内尺寸是不一样的（图 1-2-5），所以在绘制时一定要先设置好绘图方式及墙体厚度。图中红色框中为墙中线绘制，蓝色框中为墙内线绘制。

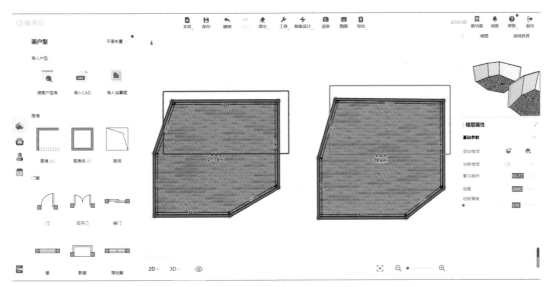

图 1-2-5

（5）下面我们来介绍一种常见的情况。图形的闭合指图形的起始点和结束点要进行连接。因为没有闭合的图形是没有材质的,这里观察界面右上角可以发现三维图的预览中没有闭合的图形没有地面及顶面（图 1-2-6）。所以在绘制时一定要注意让图形闭合,同时后期也可以反向检查,若某个空间没有地面和顶面则说明此空间没有闭合。

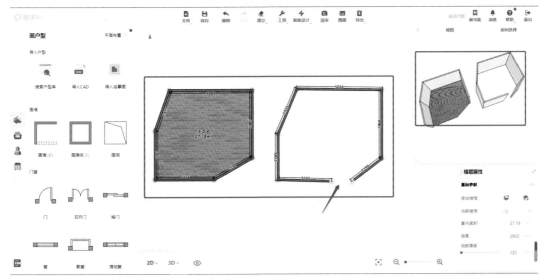

图 1-2-6

（6）这里还有一个注意点,当要对图纸进行微调时,可以通过拖动连接点或者墙体直接修改,不需要删除后重新绘制（图 1-2-7、图 1-2-8）。

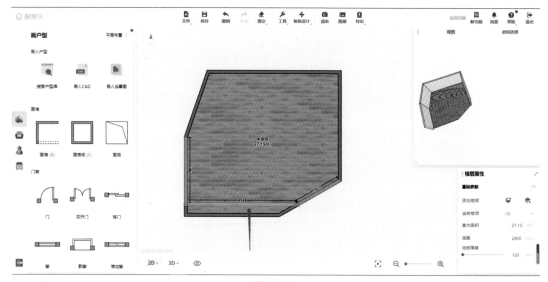

图 1-2-7

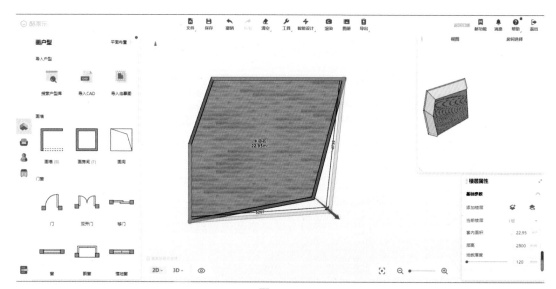

图 1-2-8

（7）现在来看一下画房间工具,选中"画房间"工具,在绘制界面单击鼠标左键并施动即可绘制出一个矩形图形,拖动的过程中同样会出现蓝色的框,可以直接修改数字,按"回车键"完成尺寸输入,会直接进入下一个修改框,进行尺寸修改（图1-2-9）。

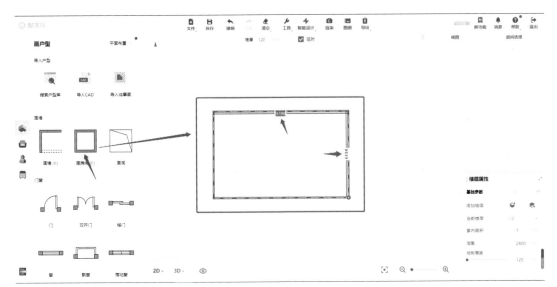

图 1-2-9

　　(8)若要对房间结构进行修改,可以直接用墙体的拆分工具拖动拆分点及墙体进行修改。单击要修改的墙体可以看到界面上出现了三个按钮,曲线、拆分、删除,单击拆分后,再单击墙体,修改拆分点尺寸,即可拖动要修改位置的墙体(图 1-2-10、图 1-2-11)。若不想进行墙体拆分,可以双击拆分点,取消拆分。

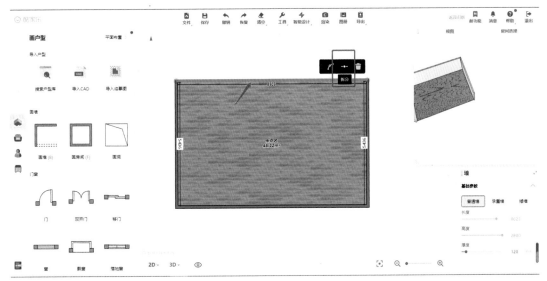

图 1-2-10

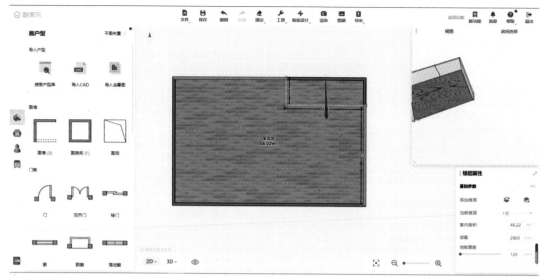

图 1-2-11

（9）装修中常见的弧形阳台可以通过改变墙体的方式来实现。单击墙体，选择曲线按钮，墙体就会变成曲线，拖动点还可以改变弧度大小（图 1-2-11）。若要取消弧线墙体，单击墙体并再次单击曲线即可。

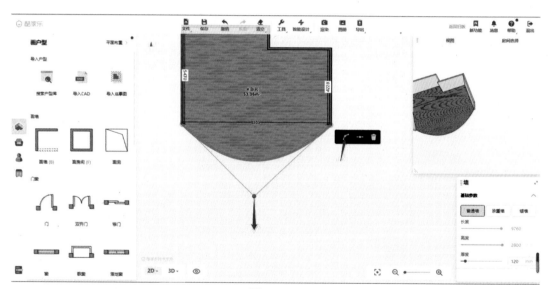

图 1-2-11

（10）在完成所有的设置及尺寸修改之后，可以对房间的属性进行设置。可在界面右下角设置层高等数据，单击房间区域还可对房间名称等进行设置（图 1-2-12、图 1-2-13）。

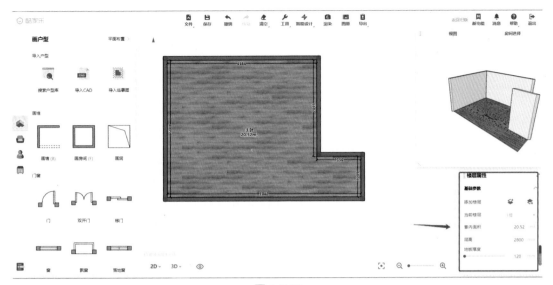

图 1-2-12

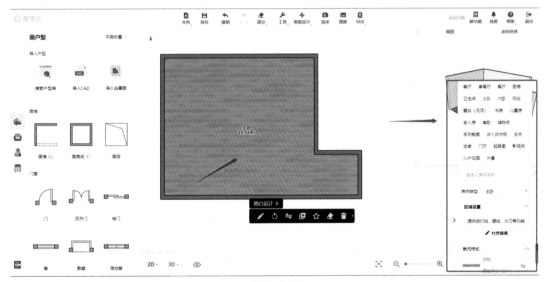

图 1-2-13

第三节　创建户型——导入 CAD 文件创建户型

本节知识点:熟练运用将已有的 CAD 图形导入酷家乐进行绘制。

(1)在导入 CAD 户型之前,先要在 CAD 软件中准备一份要导入的图纸,这里有一个很关键的点,要求备用的 CAD 图只有墙体图,要删除图纸中的家具布置及多余的文字,门窗位置进行闭合,只标示出位置即可(图 1-3-1)。

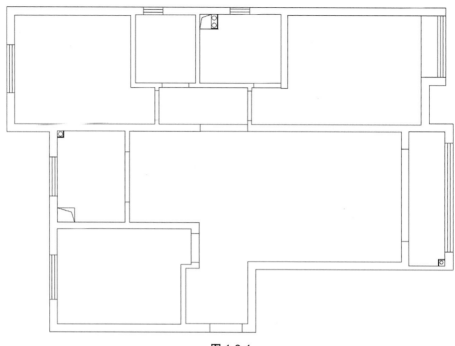

图 1-3-1

（2）准备好图纸之后另存为新块，准备导入酷家乐。打开酷家乐界面，单击开始设计，单击导入 CAD（图 1-3-2），注意，DWG 格式最大导入 5MB，DXF 格式最大导入 10MB，完成图纸的导入（1-3-3），此时，系统会自动识别窗户的位置及门洞的位置。

图 1-3-2

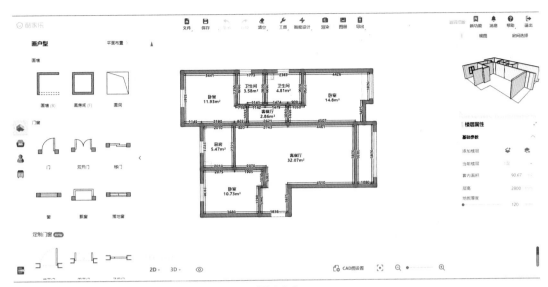

图 1-3-3

（3）导入图纸后，根据 CAD 文件修改门窗大小，放置烟道及梁（图 1-3-4）。高度及宽度在界面右下角进行调整（图 1-3-5）。

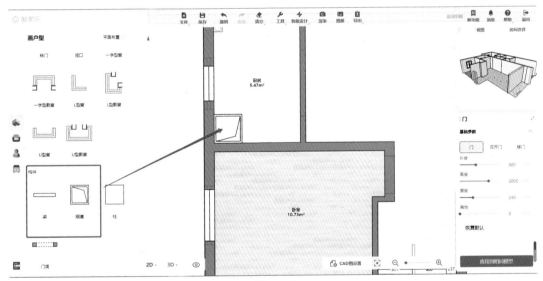

图 1-3-4

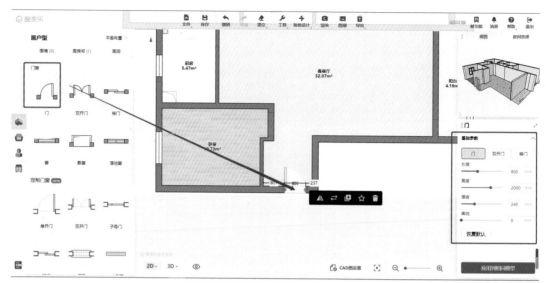

图 1-3-5

第四节　创建户型——搜索户型及导入图片临摹创建户型

本节知识点：熟练运用酷家乐中拥有的大量图库，并使用工具进行设计。

（1）打开酷家乐界面，单击开始设计→搜索户型库（图 1-4-1），选择自己所在的城市，寻找自己要设计的小区户型，进行手动设计（图 1-4-2）。进入 DIY 设计后，可以根据实际情况对户型结构进行微调，操作很方便。

图 1-4-1

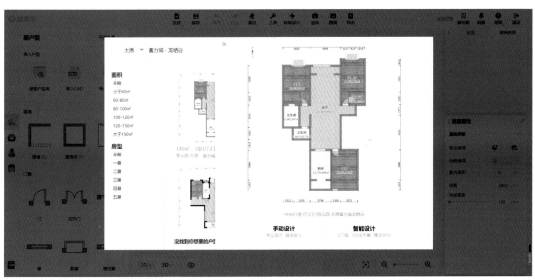

图 1-4-2

（2）还可以导入图片进行临摹创建户型。打开酷家界面，单击开始设计，导入临摹图，选择一张户型图，通常图片的格式为 JPG、PNG（图 1-4-3）。

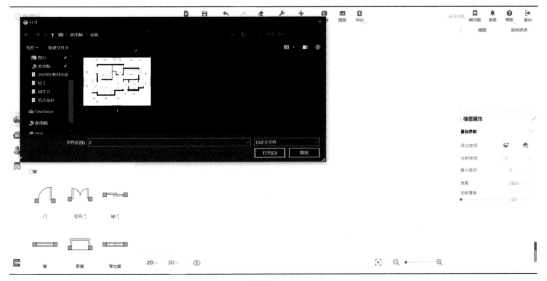

图 1-4-3

（3）导入后界面会出现一个标尺（图 1-4-4），将标尺移动到有数据的位置，输入和图片一样的数字，系统就会自动识别比例，进行调整（图 1-4-5）。

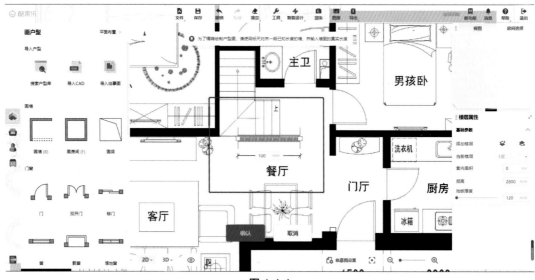

图 1-4-4

图 1-4-5

（4）由于是系统自动识别的，所以墙体及门窗都需要修整，用之前的方法进行图纸调整即可（图 1-4-6）。

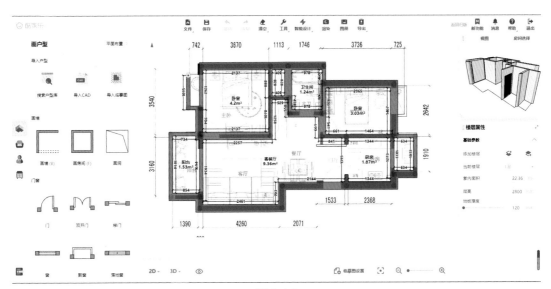

图 1-4-6

第二章　装修工具

一、本章重点

1. 熟悉个人方案的页面。
2. 熟悉装修工具的界面。
3. 掌握模型的摆放及上传材质的方法。
4. 学会进行简单的图纸渲染。

二、学习目标

通过对本章的学习,可以熟悉个人案例的界面和装修界面,能够准确找到各个工具的位置,能够自主进行模型的摆放和图纸的渲染。

三、建议学时

8 学时

我们从第二章开始认识酷家乐工具中的核心部分,这个部分包含全屋硬装界面和定制界面,这两个界面基本构成了整个家装系统。公共素材库集合了数百万的成品家具,有成套的、单体的,使用者不需要自己制作,可以直接搜索引用,节省了时间,同时也能达到最满意的效果。同时,在本章中,我们还会学到酷家乐的另一个强大工具,就是渲染工具。这一工具可以在极短的时间内完成全家的整体三维效果,实现所见即所得。

第一节　个人及方案详情页面

本节知识点:熟悉个人页面,熟悉方案页面。(图 2-1-1)

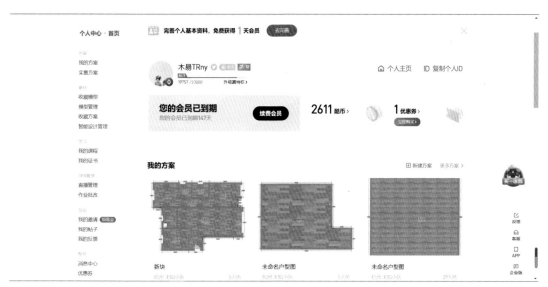

图 2-1-1

（1）进入酷家乐首页后，鼠标放置到头像及名称区域位置，就可以看到相应的下拉页面。在此区域可以直接进入设计方案界面、个人设置界面以及在设计过程中收藏的模型界面（2-1-2）。

图 2-1-2

（2）在单击昵称及头像区域后，进入方案及个人详情页，在这个界面中，既能查看最近设计的方案，又可以编辑个人信息，更换头像、昵称，完善其他资料。单击进入个人主页（图 2-1-3），进行个人信息的编辑（图 2-1-4）。

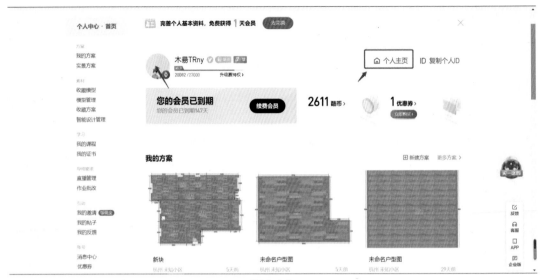

图 2-1-3

图 2-1-4

（3）在个人及方案首页的最下方有一个账号设置，单击进入后，也可以编辑个人的资料（图 2-1-5、图 2-1-6）。

图 2-1-5

图 2-1-6

（4）在个人及方案详情页面可以看到页面下方"我的方案"界面，在这个界面中可以进行方案的查看及方案的信息修改（图 2-1-7）。

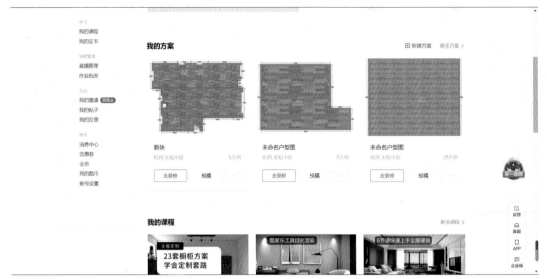

图 2-1-7

（5）随机进入其中一个方案（图 2-1-8）。可以进行方案名称、地区的修改。假设方案想让别人看到并且复制，那么就切换成"公开可复制"；相反，假设不想公开和被复制，那么就切换成"私有不可复制"。想复制方案可以直接单击复制方案链接发送，也可以复制上方以list 结尾的网址。

图 2-1-8

（6）在方案页面可以查看制作的效果图，也可以进行漫游图的生成、清单的导出（图2-1-9）。漫游图可以自动生成，也可以手动生成，注意生成漫游图的前提是需要每个空间进行全景效果图的渲染，这个要结合后半部分会讲到的渲染环节（图 2-1-10）。直接导出装修清单就可以看到整个装修的预算（图 2-1-11）。

图 2-1-9

图 2-1-10

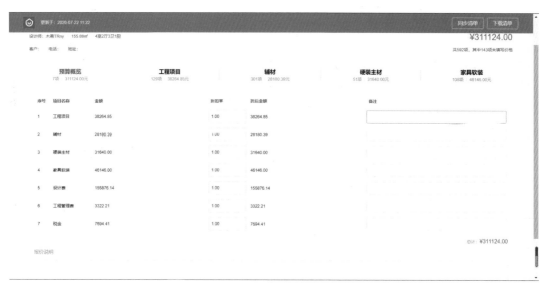

图 2-1-11

（7）在方案编辑界面可以进行方案的详细描述及信息补充，也会看到所有的方案图纸（图 2-1-12）。

图 2-1-12

（8）这里给大家补充一个知识点，进入方案界面会看到方案旁边有三个按钮（图 2-1-13），"去装修""投稿"和"下载"。由此，在方案界面可以直接进入方案进行设计修改，也可以将自己的方案投稿。单击第三个按钮，可以看到两个项目，一个是"施工图纸"，一个是"户型图"。施工图纸就是方案中立面及平面布置方案，可以直接下载，户型图同理，文件都是 CAD 格式的。如果遇到还没交房的客户户型，可以直接在酷家乐中进行搜索下载，提前做好方案，有助于和客户沟通。

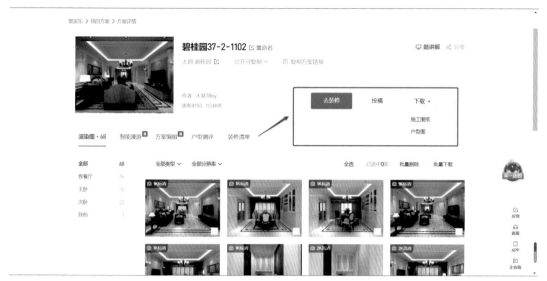

图 2-1-13

（9）在方案页面将光标放置在省略号处，可以看到下拉项目（图 2-1-14）。在这个界面中可以将自己的方案添加到个人主页面进行展示，可以导出历史版本进行修改，也可以进行方案的整体复制和删除。

图 2-1-14

第二节 认识装修工具界面

本节知识点：认识装修界面各个版块中的内容，熟练掌握位置及特点功能，为后期熟练应用做准备。

（1）现在进入一个方案的设计界面，分四部分进行讲解。可以在左侧看到整体的四个板块。"户型"在第一章已经讲解过,在进入装修界面后,会直接默认进入"公共素材库"板块(图 2-2-1),这里面有数百万个模型供我们选择,从硬装地面、墙面、顶面,到家具及软装装饰。分为很多个种类,可以单击进行详细地了解,也可以在素材库的搜索栏中直接搜索关键字查看模型。

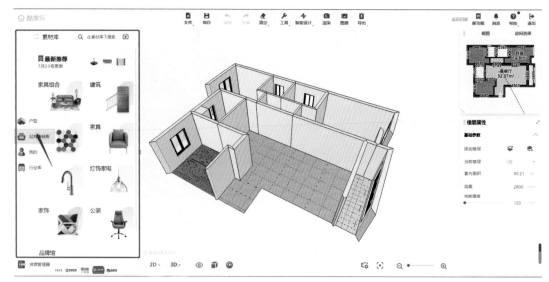

图 2-2-1

　　(2)进入"我的"板块后,分为三个界面(图 2-2-2),第一个是收藏的常用的模型,可以进行文件分类,方便后期寻找,在遇到好的方案时也可以进行收藏,在这里也可以看到收藏的方案;第二个是"使用记录",在制作方案过程中使用过的素材及模型都在这个界面;第三个是"上传 / 建模",这里可以进行材质贴图的上传,可以上传自己制作的模型,支持3Dmax、草图大师的制作模型(图 2-2-3、图 2-2-4、图 2-2-5)。还有一个是酷大师的建模,是一个三维的建模界面(图 2-2-6),可以进行简单的模型建设。

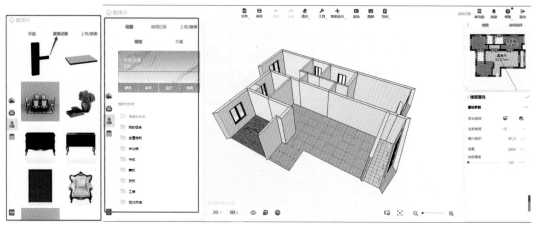

图 2-2-2

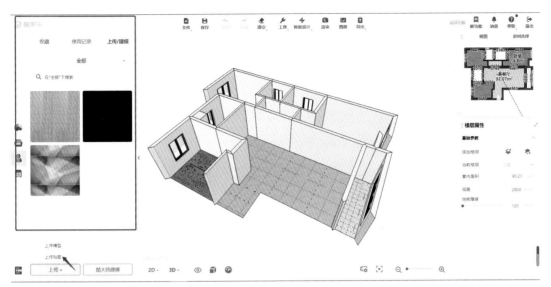

图 2-2-3

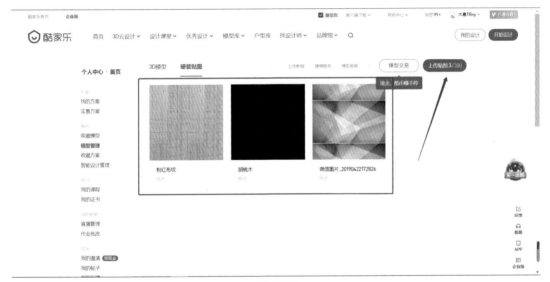

图 2-2-4

图 2-2-5

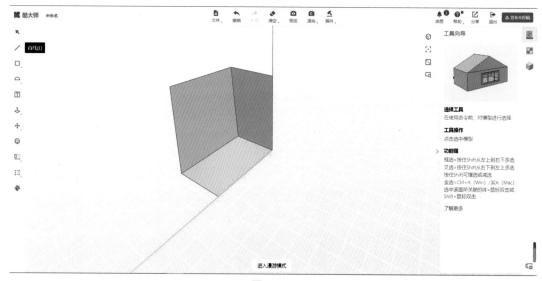

图 2-2-6

（3）接下来学习"行业库"板块。硬装及全屋定制、厨卫定制设计都从这个界面进入，是整个装修工具的重点（图 2-2-7）。第三章会详细介绍如何利用这些工具。

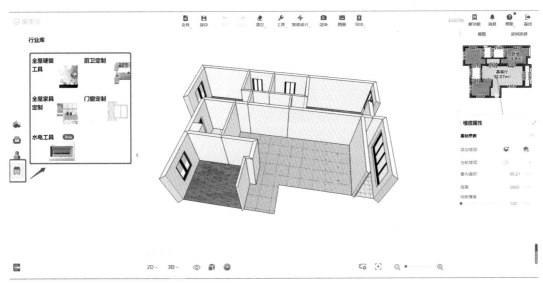

图 2-2-7

（4）当图形切换至 3D 界面时，来观察界面最下方出现的变化。在眼睛符号的旁边多出了两个选项，一个是"显示模式"，一个是"性能模式"（图 2-2-8）。在"显示模式"中我们可以更改图的显示方式，有"材质模式""线框模式""材质＋线框模式"以及"透明线框模式"，通过切换可以观察图的变化（图 2-2-9）。"性能模式"比较简单，一种是注重展示的"展示优先"，一种是注意性能的"性能优先"（图 2-2-10）。

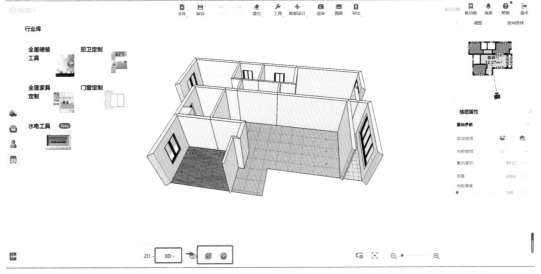

图 2-2-8

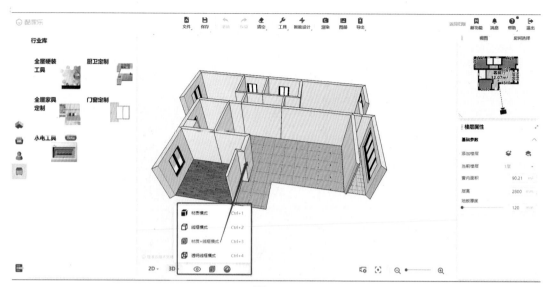

图 2-2-9

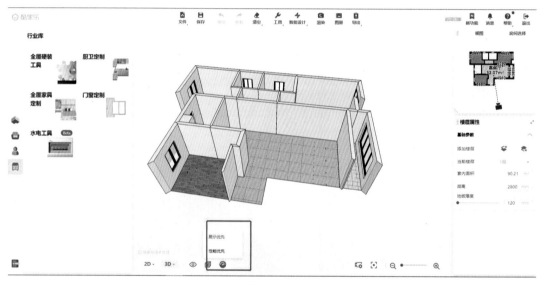

图 2-2-10

（5）界面右上方的 3D 视图转换为 2D 视图（图 2-2-11）。当我们觉得场景过于大，想要只设计其中一个区域时，可以使用"视图"旁边的"房间选择"，选择想设计的区域即可（图2-2-12）。

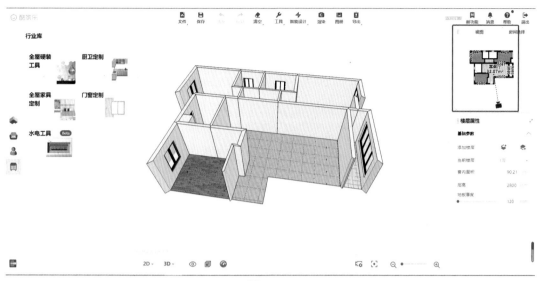

图 2-2-11

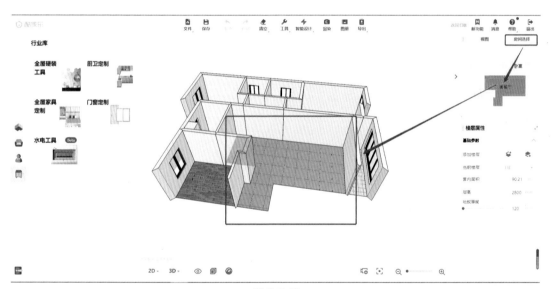

图 2-2-12

第三节　模型的摆放

本节知识点：熟悉公共素材库中的模型类型，掌握模型摆放的方法。

（1）在空间中随意选取一个区域，例如选取其中一个卧室，单击进入，进行模型的放置（图 2-3-1）。

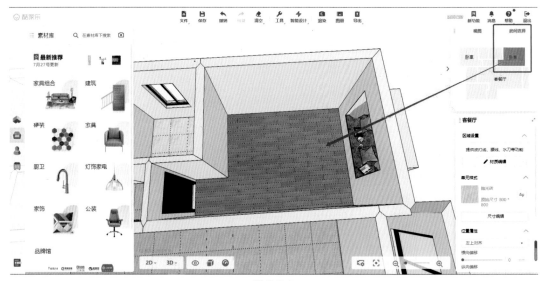

图 2-3-1

（2）打开"公共素材库"，进入家具组合，寻找卧室组合，选取自己喜欢的一款家具（图 2-3-2）。选中之后，单击鼠标左键，将模型放入图内，选择合适的位置，单击鼠标左键，结束放置（图 2-3-3）。如果要精确放置，可以将界面切换为 2D 模式，通过更改数字或者按下键盘的方向键进行挪动调节（图 2-3-4）。

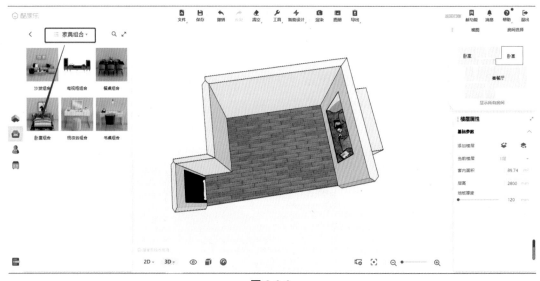

图 2-3-2

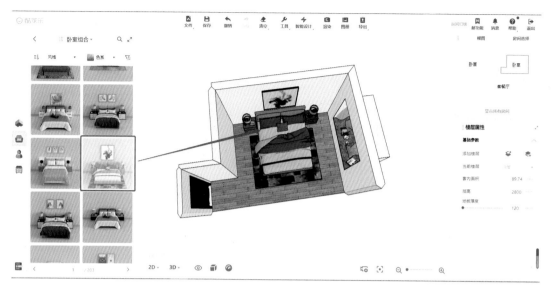

图 2-3-3

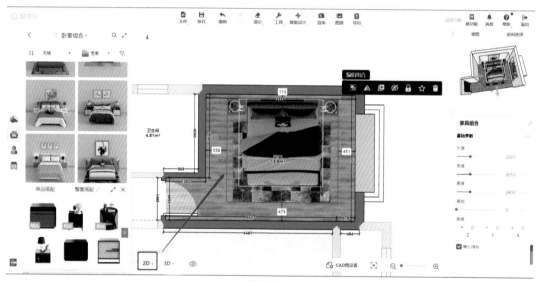

图 2-3-4

（3）单击模型，会出现一系列组合模型的编辑项目，第一个按键可以对模型进行缩放、移动、旋转等操作，切换控件的快捷键是"R"（图 2-3-5）。

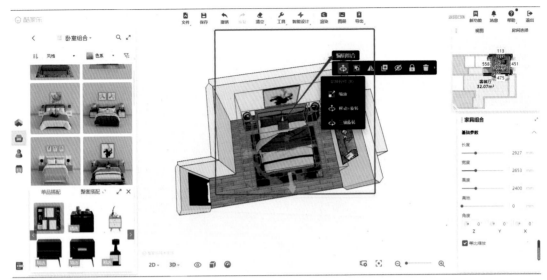

图 2-3-5

（4）第二个按键是解组组合，解组后可以分别对模型进行编辑。同样，若解组后想再成组，可以选择模型，再按住 Shift 进行全选，最后进行成组（图 2-3-6、图 2-3-7、图 2-3-8）。

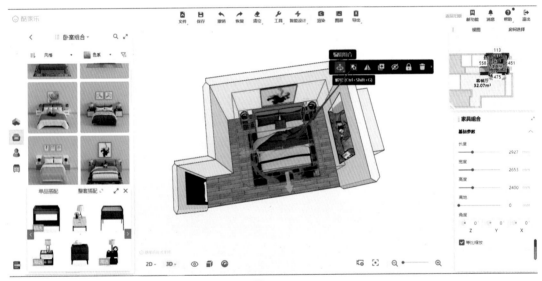

图 2-3-6

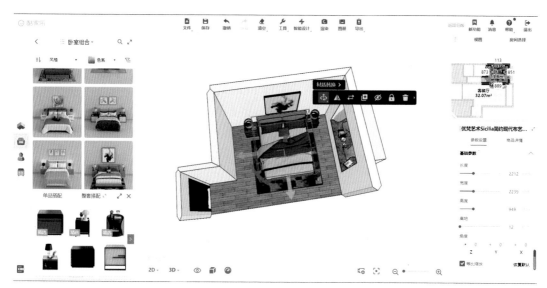

图 2-3-7

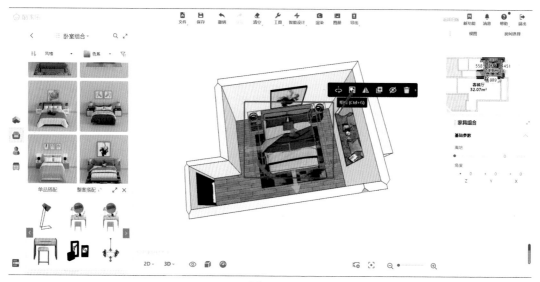

图 2-3-8

（5）还有一种比较简单的方法，不需要先解组编辑单体模型再进行组合。还是进入最初的 3D 界面，单击模型，出现编辑模型操作界面（图 2-3-9），直接单击"编辑组合"按钮，整个组合模型周围会有黑色的虚线框，这时可以进行单体模型的编辑（图 2-3-10），编辑完成后再单击模型，还是一整组，不需要进行重组，这样比较方便。

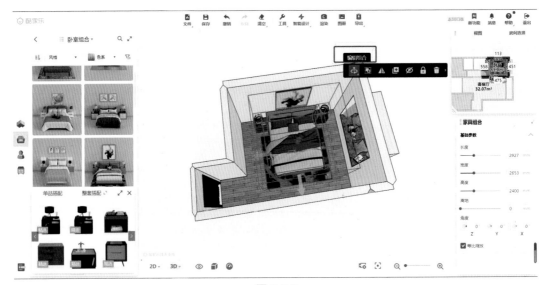

图 2-3-9

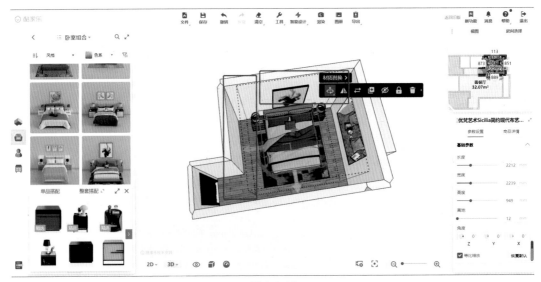

图 2-3-10

（6）第三个按键是"翻转"，可以对模型的左右进行翻转（图 2-3-11）。

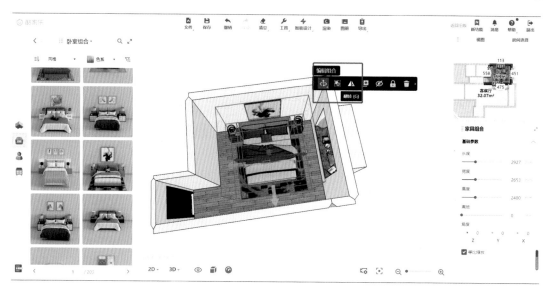

图 2-3-11

（7）第四个按键是"复制"，这个比较容易操作，选中模型，进行复制就可以。单击鼠标右键可以退出复制。

（8）第五个按键是"隐藏"，选中模型，单击此按键后，模型就被隐藏起来。系统会提示如果要寻找隐藏的模型，需要去界面下方的"显示已隐藏模型"中进行寻找（图2-3-12）。

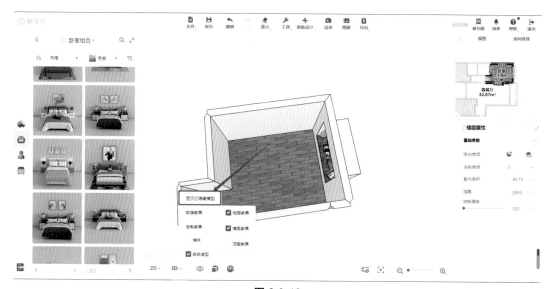

图 2-3-12

（9）第六个按键是"锁定"，锁定模型后，无法对模型进行任何编辑，需要进行解锁。

（10）第七个按键是"删除"，对所选定的模型进行删除。如果只删除组合中的单体，就需要先进行编辑组合，再进行删除。

（11）最后一个是"收藏"，对于自己常用和喜欢的模型，可以进行收藏，以便二次使用。收藏后，模型右上角的星星会变成黄色（图2-3-13），可以设置不同的文件夹，收藏不同的模型。

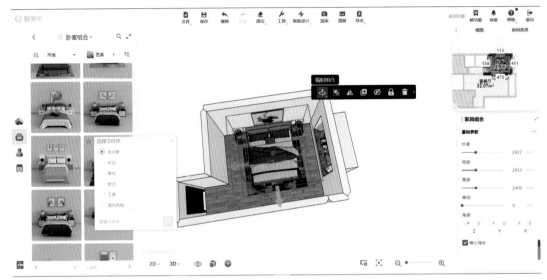

图 2-3-13

（12）选择模型后，在操作界面的右侧可以对家具组合的整体进行尺寸的修改。如果只想修改其中之一的尺寸，则不需要勾选"等比缩放"；反之，则需要勾选（图 2-3-14）。

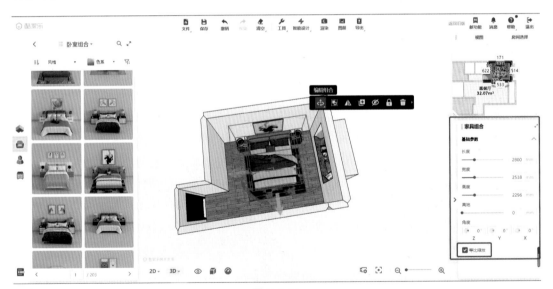

图 2-3-14

（13）在选择模型后，界面的左下角会出现智能的搭配推荐，可以从中选择自己想要的模型（图 2-3-15），可以是单品搭配，也可以是整套搭配。

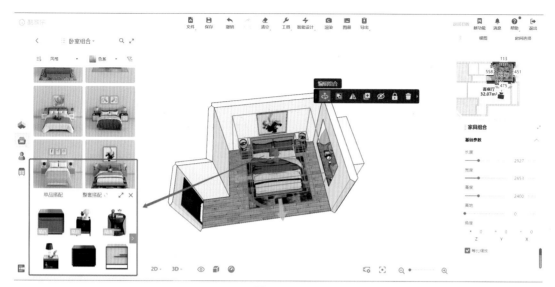

图 2-3-15

（14）从推荐的搭配中选择一组衣柜，进行尺寸的调整，放置在图中合适的位置（图 2-3-16）。

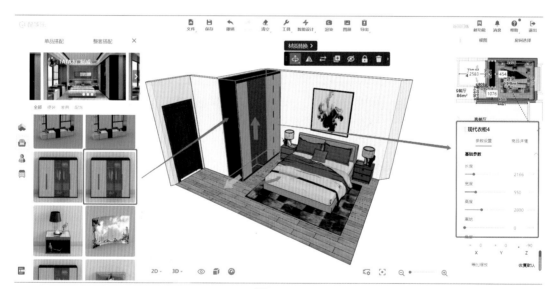

图 2-3-16

（15）放置完家具后，添加软装配饰，进入"公共素材库"，单击"家饰"页面，选择"窗帘"（图 2-3-17），选择一款窗帘，放置到合适的位置，同样，在操作界面的右侧可以调整窗帘的数据。

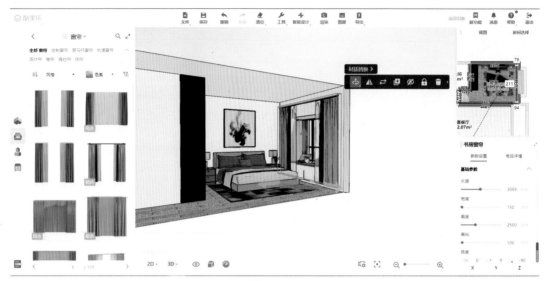

图 2-3-17

（16）摆放完软装后，添加灯具，采用同样的方法进入灯具界面，寻找合适的灯具。还可以将界面切换至 2D，在顶面进行灯具位置的调整（图 2-3-18）。

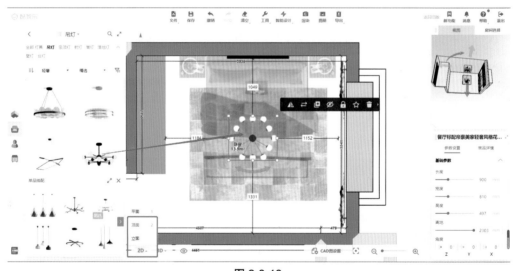

图 2-3-18

（17）最后，给房间放置踢脚线，进入素材库中硬装界面的踢脚线，放置合适的踢脚线（图 2-3-19），踢脚线会自动吸附至满房间，如果只单独做一面或几面墙，按住 Ctrl 键，吸附单面墙。

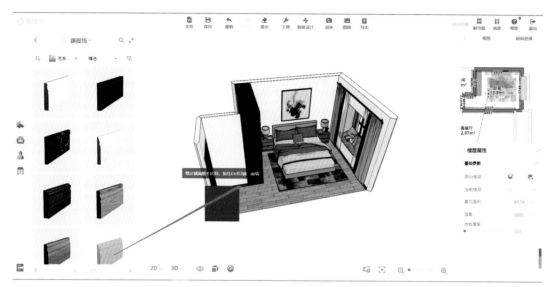

图 2-3-19

（18）我们也可以对墙面做一些简单的装饰，例如贴壁纸或者做乳胶漆调色，在硬装界面中，找到"涂料／墙漆"，对墙面做颜色调整（图 2-3-20）。

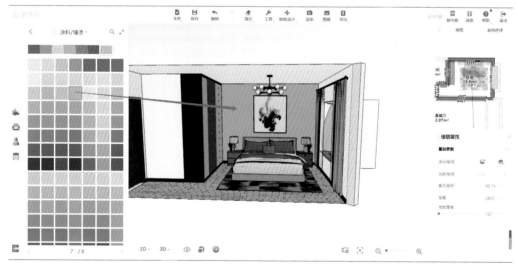

图 2-3-20

此时，基本的模型摆放已经做完了，其余空间模型的摆放方式是相同的，只是模型有所不同，做方案时可以在每个素材界面都点进去了解并且熟悉相关操作。

第四节 材质的上传

本节知识点：熟练掌握材质的上传方法。（图 2-4-1）

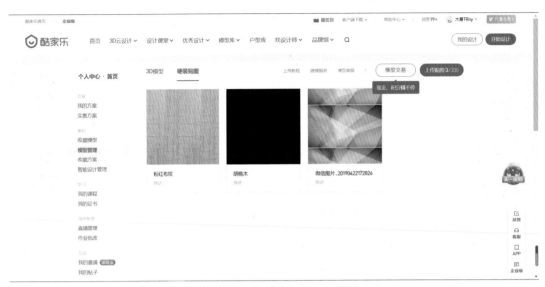

图 2-4-1

（1）如果遇到特殊定制的方案，有特定的材质在酷家乐中找不到时，就需要自行上传材质。用之前讲过的方法，进入"我的"上传材质界面，可以批量上传，也可以单个创建（图2-4-2）。系统会提示哪些是必填的项目，选填好后，在漫反射贴图中更换要换的贴图，为了体现材质的逼真效果，可以通过调整材质的凹凸，使纹理更加明显，在界面中"定制广场"可以看到材质的预览，单击创建，就可以上传自己的材质贴图（图2-4-3）。

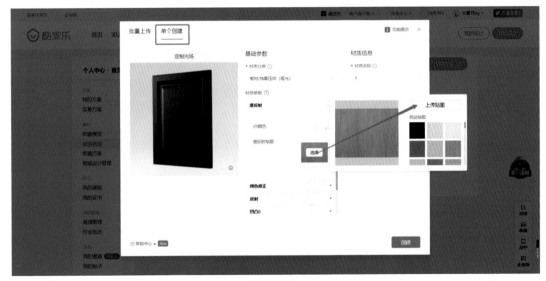

图 2-4-2

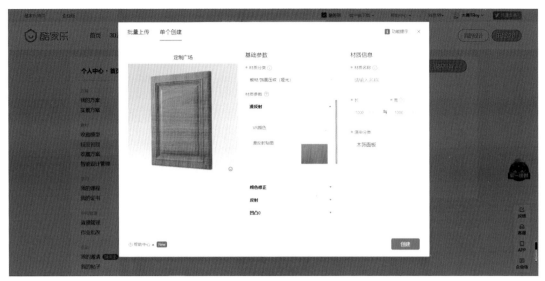

图 2-4-3

（2）返回界面后，可以看到上传完成的材质贴图（图 2-4-4）。

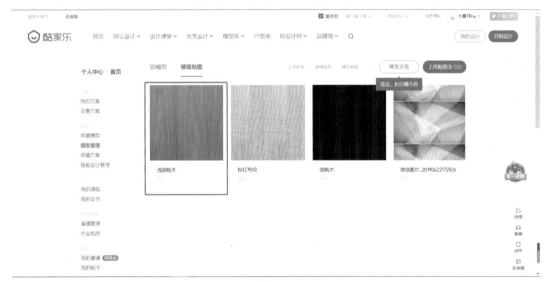

图 2-4-4

（3）回到图中试着给模型更换材质。单击想更换材质的模型，选择"材质替换"，进入界面后，找到"我的"并单击，就会在"上传"中看到上传的材质（图 2-4-5）。单击要更换的区域进行更换即可。上传完成后，可以在界面右侧更改纹路的位置、大小及方向，调整至合适。

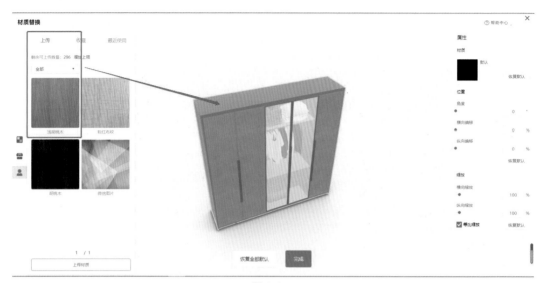

图 2-4-5

第五节　渲染效果图

本节知识点：熟练掌握简单效果图的渲染方法。（图 2-5-1）

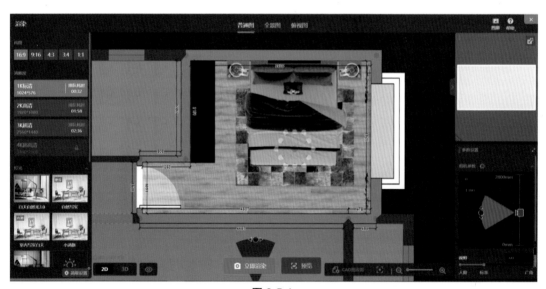

图 2-5-1

（1）完成基本的模型摆放后就可以进行初步的渲染了。在方案界面，单击"渲染"，进入渲染界面。在渲染时，为了更好地操作及预览，建议分开空间进行调整，不建议显示全部户型进行调整（图 2-5-2）。

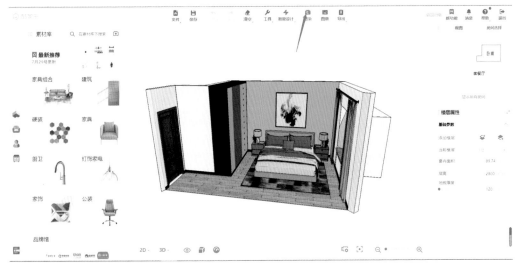

图 2-5-2

（2）进入渲染界面后，主要分为两大块来认识一下，一块是灯光区域，另一块是相机区域，整个渲染都由这两大部分组成。先来看界面的左侧部分，在灯光区域，系统给出了五个参考灯（图 2-5-3），一般情况下使用"白天自然光"，整体的光线比较柔和，效果逼真。在这五类灯光的右上角有一个叹号的符号，将光标移至上面，系统会为每种灯光做出解释，也可以作为使用的参考。

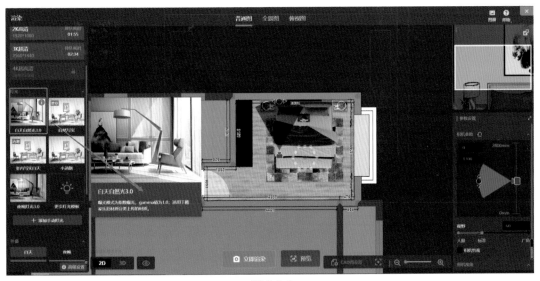

图 2-5-3

（3）如果有一定的灯光知识基础，可以使用手动添加灯光，效果会更好（图 2-5-4）。在手动添加界面，同样选择"白天自然光"，进入界面后，会出现系统默认的光源，可以在右侧对每种灯光进行参数的调整，在左侧添加自己想要的辅助光源。基础光源中常用到的是面光源，注意在设置参数时，不要勾选双面光以及面光源不要离墙面太近，否则容易在后期渲染时墙面出现明显的灯光黑影，高度一般比顶面低 100mm 即可。在界面的右上角，可以看到预览效果。

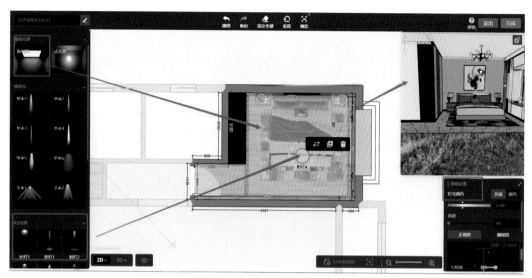

图 2-5-4

（4）调整参数时，面光源如果是主光源，参数值要大一些，例如 200 或者以上；如果在有太阳光的情况下，面光源是辅助光源，这个时候参数就可以小一些。太阳光是不需要进行调节的，可以改颜色。正常的点光源，例如射灯、筒灯，可以通过修改高度、参数调整至合适。

（5）设置完成后，单击右上角"完成"，就可以退出灯光设置界面，开始进入相机设置界面，系统给出了五种相机构图，可以根据不同的渲染需求更换合适的构图比例，比较常用的是 4：3，如果是大空间范围，需要用到 16：9。清晰度分为标清、高清、超清三种。一般在调整灯光和相机的初期可以用标清，先调整好图，再进行二次升级（图 2-5-5）。

图 2-5-5

（6）在界面右侧可以调整相机的位置及角度，一般需要勾选"相机剪裁"，在小空间中，可以打出更好的角度,方便调节。在操作界面,拖动相机的方向调节键,去调整广角,右上角可以进行预览。调整合适后,将相机视角进行保存,下次渲染时可直接使用(图2-5-6)。

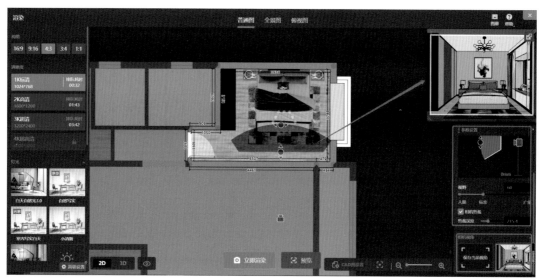

图 2-5-6

(7)设置完成后,单击立即渲染,可以进入右上角"图册"中查看渲染进度及效果(图2-5-7)。

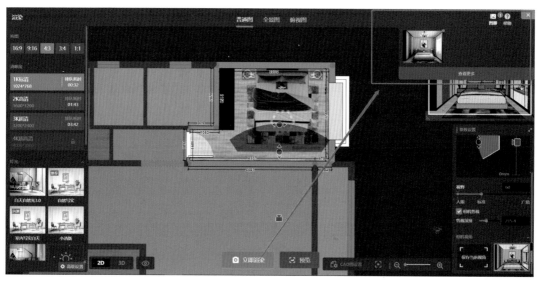

图 2-5-7

(8)打开渲染好的效果图后,可以对效果图进行二次调整,对效果图进行美化。系统有一个参数,可以一键智能美化。如果你有美化照片的经验,也可以自己调节(图2-5-8)。美化完成后单击保存,然后退出即可。

图 2-5-8

（9）美化后的图默认为标清图，但是可以升级分辨率。单击升级分辨率，系统会给出分辨率供选择，单击"去渲染"即可（图 2-5-9）。

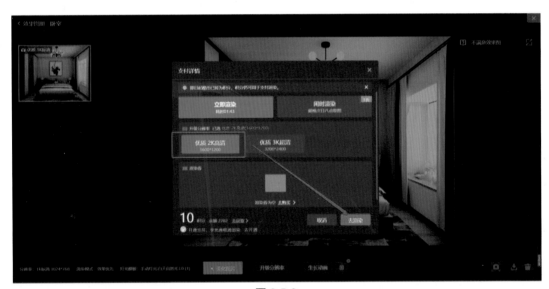

图 2-5-9

（10）渲染完成后，可以对图片进行下载、删除等操作。如果在相机设置界面没有保存视角，可以在图片右下角进行视角的保存（图 2-5-10）。

图 2-5-10

（11）返回至渲染界面来看另一种形式的渲染图——全景图渲染。单击进入，会发现相机变成了一个圆的视角，只需要调整相机的位置、高度，然后拖动相机转动，查看一下是否合适，就可以进行渲染了（图 2-5-11）。

图 2-5-11

渲染完成后，会有一个 360°的全景效果图，可以对效果图进行全景设置、升级分辨率等操作（图 2-5-12）。

图 2-5-12

（12）进入渲染界面，来看最后一种渲染模式——俯视图渲染，在这个界面中，是对整个场景的渲染，可以选择全墙模式，也可以选择无墙模式（图 2-5-13）。

图 2-5-13

在本章节的学习中，重点是去掌握模型和渲染的部分，后期制作方案的过程中会重复用到，要熟悉每一个工具的使用方法。

第三章　全屋硬装工具

一、本章重点

1. 熟悉全屋硬装工具界面。
2. 学会使用全屋硬装工具——地面制作。
3. 学会使用全屋硬装工具——墙面制作。
4. 学会使用全屋硬装工具——顶面制作。

二、学习目标

通过对本章的学习,熟练使用硬装工具,学会制作地面、墙面、顶面的造型设计。

三、建议学时

16 学时

硬装是整个家装系统中很重要的一部分,也就是我们所说的基础装修。随着市场的不断发展,硬装和软装逐渐实现了最大化的融合,丰富了概念化的空间设计,满足了家居的需求。酷家乐中的全屋硬装工具为用户提供了极大的便利,通过简单的线与面,可以做很多个性化的设计,真正实现所见即所得。

第一节　认识全屋硬装工具界面

本节知识点:熟悉全屋硬装工具界面,了解基本功能。(图 3-1-1)

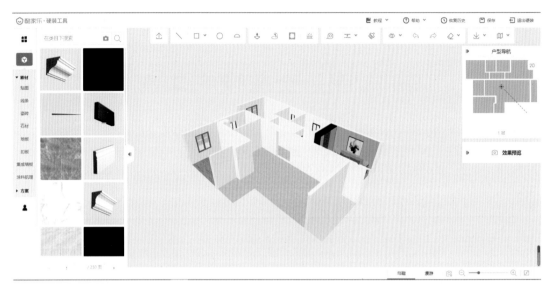

图 3-1-1

（1）打开方案，从"行业库"中进入"全屋硬装工具"界面（图 3-1-2）。

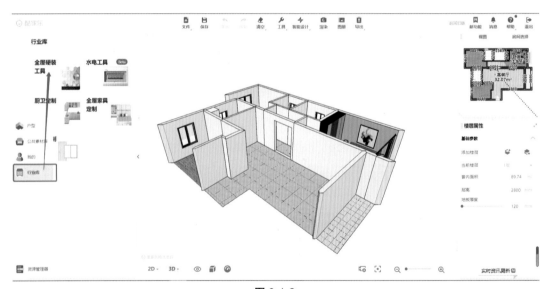

图 3-1-2

（2）进入界面后先来看一下左侧部分，总共有三个大项。第一个是"设计模板"，在这里有一些系统已经搭配好的方案，如果户型类似，元素也不错，可以先筛选风格、房间，通过直接识别的方式，进行快速设计（图 3-1-3）。

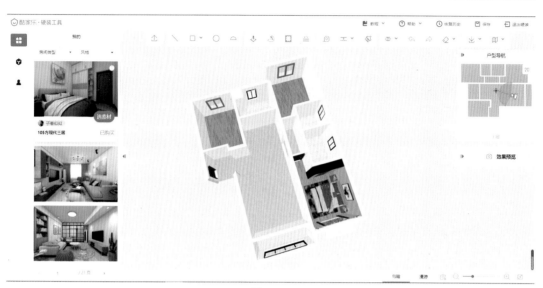

图 3-1-3

（3）第二个是我们在自定义方案设计时常用的界面——"公共素材库"，从中可以应用素材，也可以应用方案。素材中包括地板、地面、涂料、角线等（图 3-1-4）。方案中有各种各样的铺贴方式供选择（图 3-1-5）。

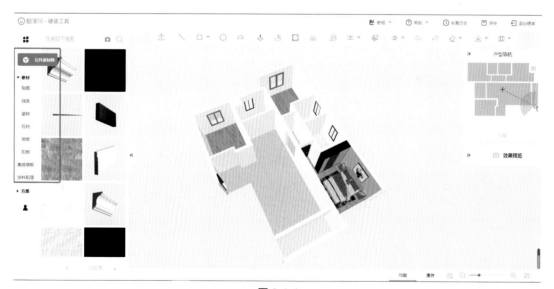

图 3-1-4

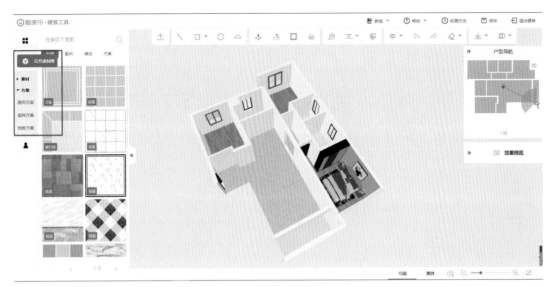

图 3-1-5

（4）第三个是"我的"选项，主要是在做方案的过程中收藏的一些常用的素材以及自己上传的模型（图 3-1-6）。

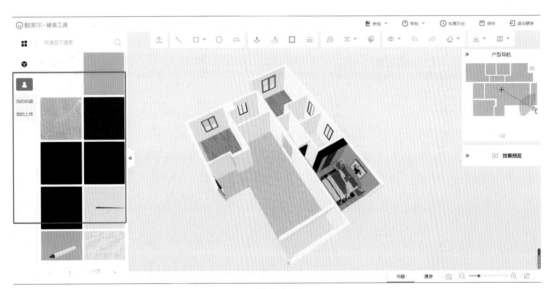

图 3-1-6

（5）界面的中心部分是工具栏，所有的设计操作都用这些工具制作完成（图 3-1-7）。

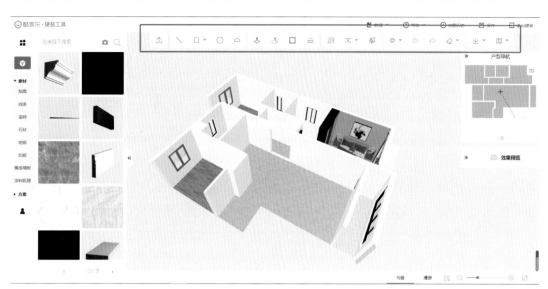

图 3-1-7

（6）第一个按钮是"导入 CAD"，这个地方可以上传一些 CAD 素材，一般用来上传特殊定制的造型，例如地面水刀等。由于大部分的绘制方案都可以利用工具绘制完成，因此这个部分不太常用（图 3-1-8）。

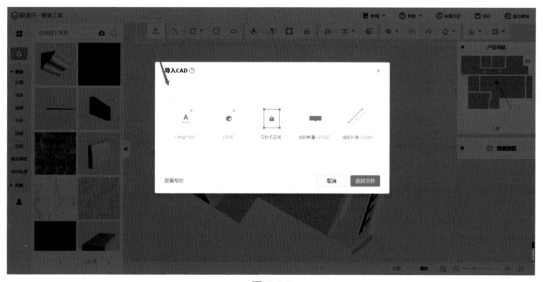

图 3-1-8

（7）第二个按钮是"直线"工具，选择自己要做造型的那一面，单击鼠标左键，然后拉伸，或者直接输入尺寸，直线工具必须形成一个闭合空间，无法单独绘制一条直线（图 3-1-9）。

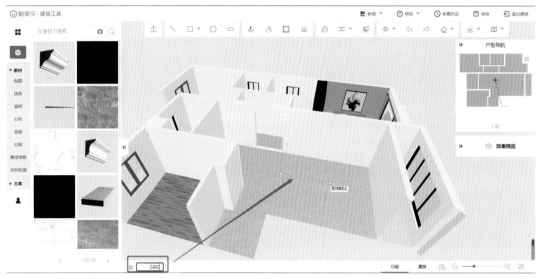

图 3-1-9

（8）"矩形"工具很简单，选择之后，拖动鼠标进行拉伸，这个时候界面下方有两个数据，长和宽，输入完成后按回车键，切换到下一个数据，再回车，完成输入，矩形就画好了（图 3-1-10）。在矩形这一栏中，也可以绘制多边形，操作方法是一样的，单击后输入多边形数据，拖动鼠标拉伸即可。

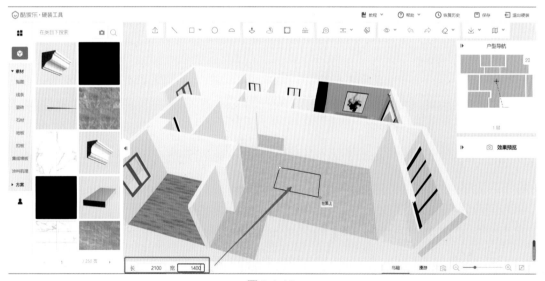

图 3-1-10

（9）"圆形"工具的使用方法也很简单，选择之后，圆形的起点是圆心，直接输入半径后按回车键，就可以绘制出圆形（图 3-1-11）。

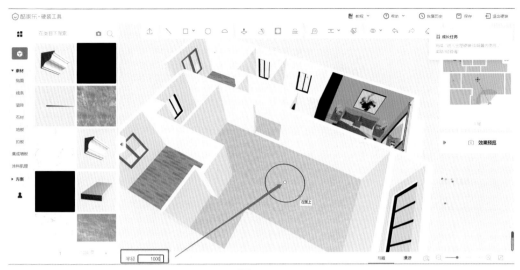

图 3-1-11

（10）"弧长"工具需要输入两组数据，一组是弧长，输入完成后，再输入弧高，即可完成一个弧面闭合空间（图 3-1-12）。

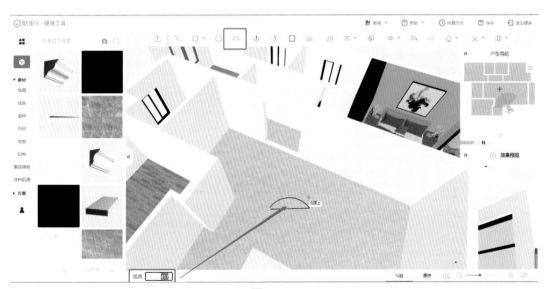

图 3-1-12

（11）"拉伸"工具是在一个闭合的面上去完成的，单击一个闭合的面，向上拖动鼠标，输入数据即可完成拉伸（图 3-1-13）。

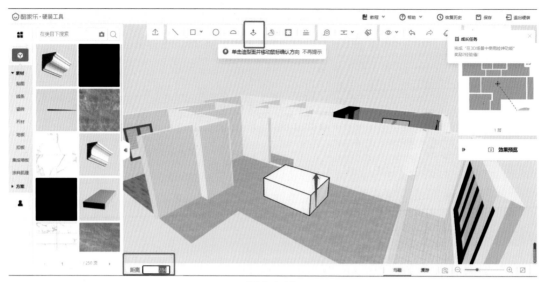

图 3-1-13

（12）"放样"工具在作为路径时才可以使用。首先选择一个面，将面的边作为路径，或者先单击一条边，再按住 Shift 加选其他边，形成路径。这里举一个简单的例子：选择一个面（图 3-1-14），单击放样工具，再单击选择左侧"公共素材库"中的任意一个边线，单击需要放样的面，看一下放样就执行完毕了（图 3-1-15）。

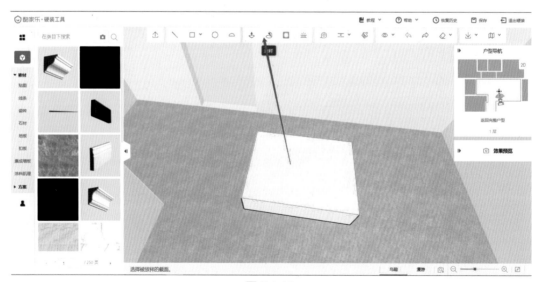

图 3-1-14

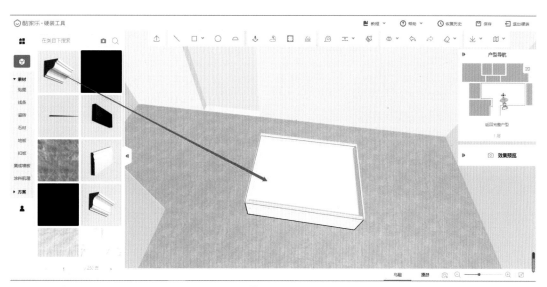

图 3-1-15

（13）"偏移"工具常用于闭合图形中，单击"偏移"工具，选择要偏移的空间并单击鼠标左键，移动光标，输入数据，完成偏移（图 3-1-16）。

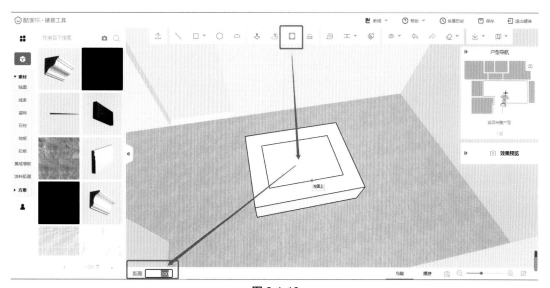

图 3-1-16

（14）"灯带"工具的使用也很简单，单击"灯带"，出现灯带设置界面，数据设置完成后单击确定（图 3-1-17）。点击至面，或者按住 Shift 单独只选其中一个边就会出现灯带效果（图 3-1-18），在操作时，操作界面会提示操作者按 Tab 键可以翻转灯带，可以根据不同的造型设计不同位置的灯带。

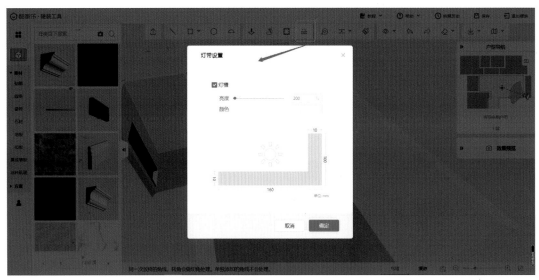

图 3-1-17

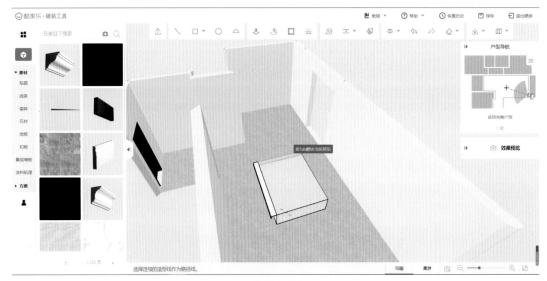

图 3-1-18

（15）"测量"工具作为辅助工具，在使用时界面会提示操作者，在边线、端点上等，以方便操作者准确进行测量（图 3-1-19）。

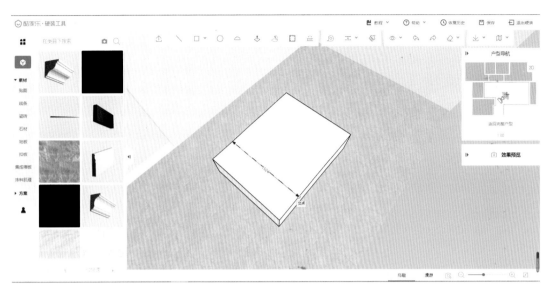

图 3-1-19

（16）"参考线"工具在后期制作造型中会经常用到，在进行特殊设计时，需要添加不同的参考线，以确定造型位置。在这个工具下方有两个选项，一个用来添加参考线，一个用来清空参考线。在添加参考线时，要先有一条参考线，再从这个参考线上进行移动。单击工具，添加参考线，选择需要参考的线，移动鼠标，就会出现虚线状的新参考线（图 3-1-20），输入数据，回车完成操作。在添加多条参考线时，在上一条参考线基础上继续移动添加即可，不需要再从原始参考线开始操作。（图 3-1-21）

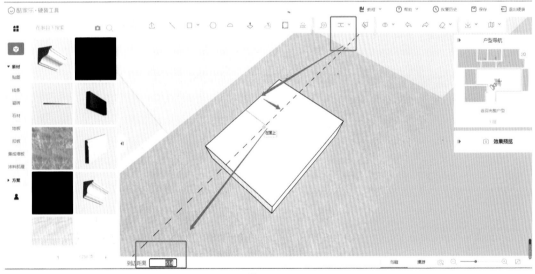

图 3-1-20

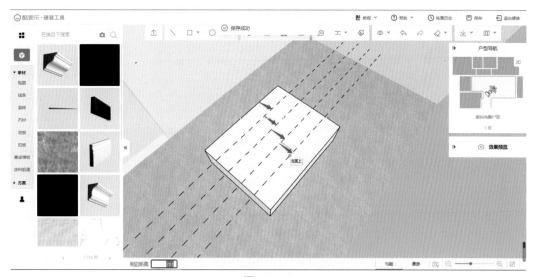

图 3-1-21

注意,在所有参考线绘制完成后,再进行清空参考线操作。

参考线和直线及矩形工具要一起使用,在添加完参考线后,可以利用"直线"或者"矩形"完成造型的绘制(图 3-1-22)。

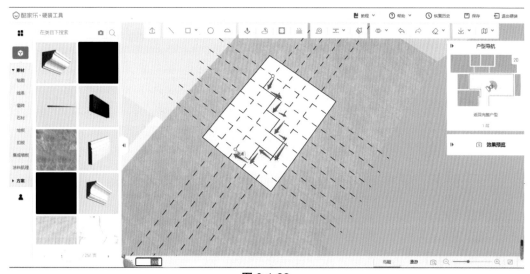

图 3-1-22

(17)"材质刷"工具,当一个空间里有重复的材质时,可以使用材质刷工具直接刷取。单击"材质刷"工具,工具会变为吸管状,此时单击主材质面,再将光标移动至需要吸附材质的面并单击鼠标左键,系统会提示原有材质将丢失,单击确定完成材质刷操作(图 3-1-23)。单击鼠标右键即可退出工具。

(18)"显示"工具这部分可以有两个操作,一个是显示墙体,一个是显示家具。在自由绘制造型时,系统默认视角的墙体是隐藏的,为了方便操作后期如果不需要家具,也可以去掉勾选。

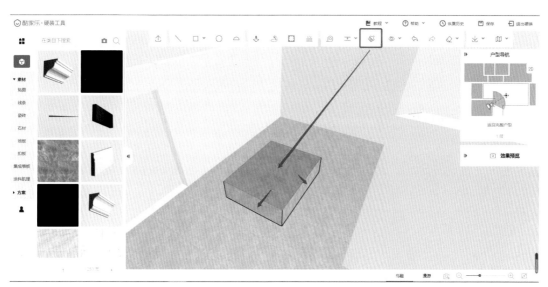

图 3-1-23

（19）"撤销"工具是用来撤销当下的操作，也可以使用 Ctrl+Z 进行撤销。

（20）"恢复"工具用来恢复当下操作之前的操作部分。

（21）"清空"工具中有两个部分，一部分是清空硬装，另一部分是只清空自由造型，在清空时要先确认具体清除哪些，再进行选择。

（22）最后的两个工具是用来在完成所有的硬装设计后，进行材料单及施工图纸的下载。

（23）在界面的右侧部分可以在户型导航中进行各个空间的切换，也方便局部的空间设计。在下方，有效果图的简单渲染呈现。直接点击照相机按钮，系统就会渲染出硬装界面的图纸（图 3-1-24）。

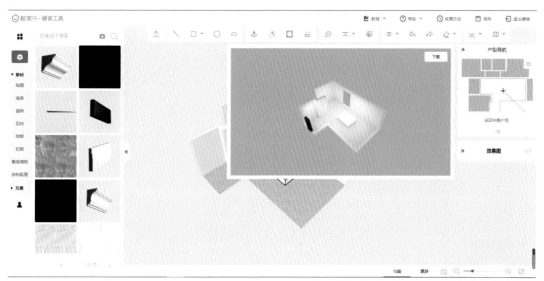

图 3-1-24

全屋硬装工具界面基本介绍完毕,后期地面、墙面、顶面的异形设计都需要结合这些工具来完成。

第二节　全屋硬装工具——地面制作

本节知识点:熟悉地面拼花造型的设计方法。

(1)这里做一个案例的客厅地面造型设计。在拿到户型后,先进行风格分析,首先定位此空间风格为小美式。在做这个户型的客厅设计时,先给地面做区域划分,分为客厅、走廊、餐厅三个区域,分别用不同的地面铺设方式进行划分(图3-2-1)。

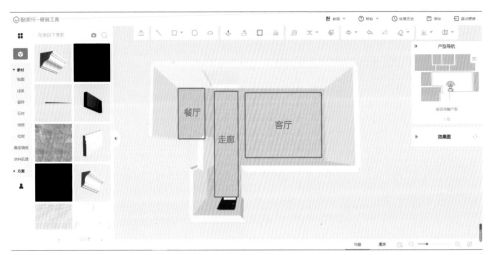

图 3-2-1

(2)确定好思路后,单击地面进入地台设计界面。进入这个界面后,可以对地面进行简单的铺设设计,单击左侧材质库中的材质即可进行铺设(图3-2-2)。

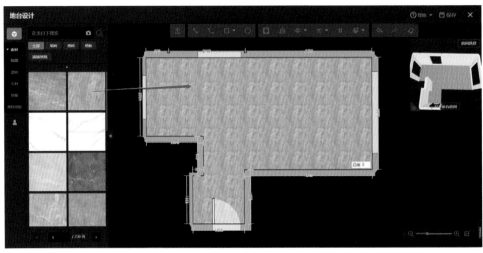

图 3-2-2

如果想要做一些复杂的拼花设计可再次单击地面,进入材质编辑界面,与地台设计界面稍有不同,在左侧多增加了一项方案选项。在方案列表下,可以选择与自己思路一致的方案直接单击,进行材质的更换。同时也可以看到,方案中有波打线,可以用来丰富设计(图3-2-3)。

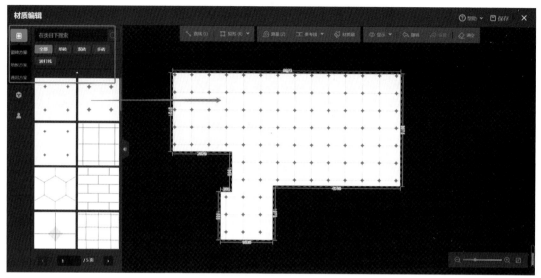

图 3-2-2

(3)在这个界面中可以完成三个区域地面的设计。首先选择一个主要的地面铺设材料,进行通铺。单击方案列表下的"单砖",选择"连续直铺",再单击地面,即可完成铺设(图3-2-3)。

图 3-2-3

接下来绘制客厅空间的拼花造型。选择工具栏上方的"矩形"工具,在客厅中绘制出波打线的位置,通过修改矩形四周的数字,调整矩形的位置(图3-2-4)。

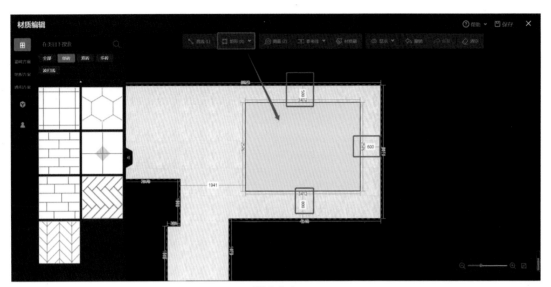

图 3-2-4

完成后,添加波打线。单击矩形,在出现的工具按钮中选择"多层波打线",出现两条波打线(图 3-2-5)。

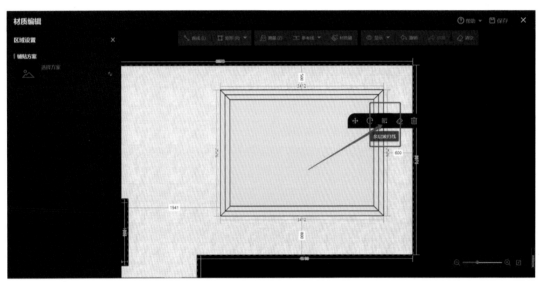

图 3-2-5

单击第一条波打线,在出现的选项框中调整波打线宽度,在左侧的波打线设置面板中调整波打线更细节的设计数据,可以选择对角为 90°或者 45°,给波打线一个 2.5 mm 的缝隙,并对缝隙颜色进行填充,单击材质编辑,选择一个材质(图 3-2-6)。单击尺寸编辑,进行尺寸及材质位置的调节,也可以在下方的更多样式中,选择合适的样式直接单击选择。

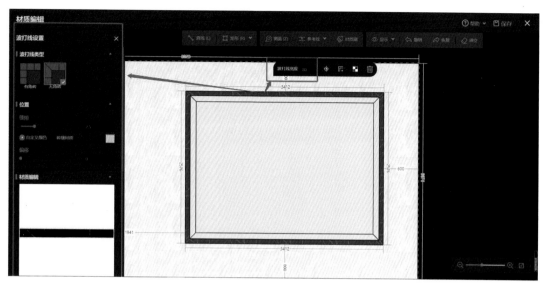

图 3-2-6

第二条波打线以同样的方式进行修改（图 3-2-7）。

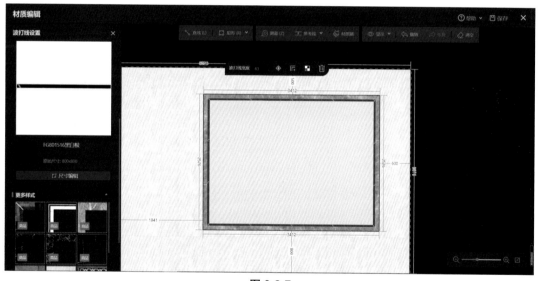

图 3-2-7

给波打线中间的部分做斜铺加角砖结合的铺贴设计。在方案列表中选择"双砖"，铺设一个合适的方案（3-2-8）。

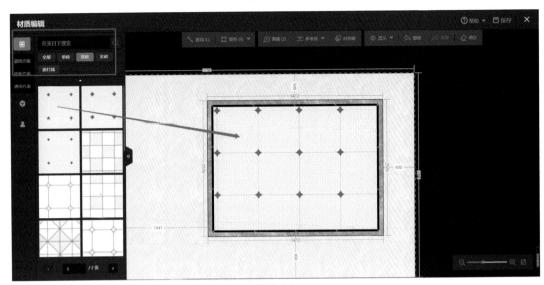

图 3-2-8

　　单击铺贴区域进入区域设置,进行更详细的参数调整。可以在工具中进行铺贴旋转,角度调整为 45° 铺贴,在左侧区域设置中,调整为居中对齐,并设置砖的缝隙大小及缝隙颜色。在单元样式中修改两个砖的材质(3-2-9)。

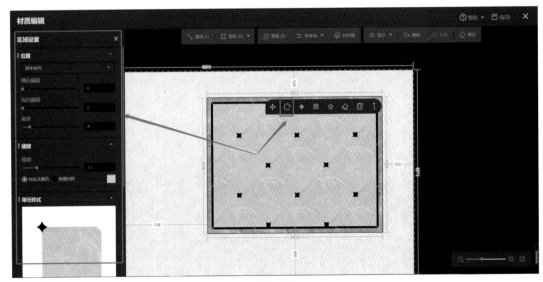

图 3-2-9

　　将最开始整铺的砖更换中间拼花部分的材质。如果找不到材质,可以返回拼花区域,看一下材质的名称,或者进入材质更换,对材质进行收藏。单击整铺区域,找到材质,将材质贴进区域。需要注意的是,首先单击材质进行砖缝数据及砖缝颜色的设置,完成后,在右侧工具中选择连续直铺,才能保证所有的砖周围都有缝隙及颜色;如果先进行整铺再调整,就只调整了当前砖,无法默认修改所有的砖(图 3-2-10)。

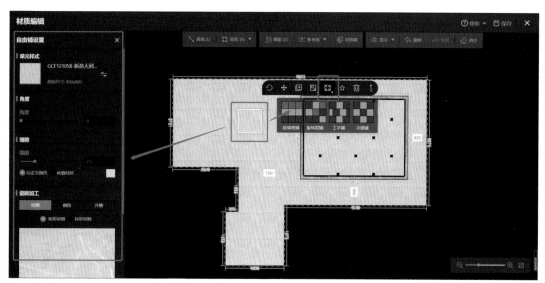

图 3-2-10

（4）以同样的方式对过道及餐厅区域做一个简单的波打线造型,完成区域分割(图 3-2-11)。

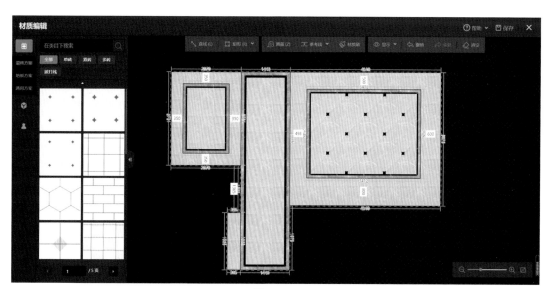

图 3-2-11

此时地面铺设已设计完毕,主要应用了矩形工具,并结合波打线及铺贴方式。

第三节　全屋硬装工具——墙面制作

本节知识点:学会背景墙的制作方法。

（1）墙面设计主要用在电视背景墙或者沙发背景墙的造型设计中。现在来做一个电视背景墙的设计方案。首先打开方案并单击要做造型的背景墙面,再单击一次进入"背景墙

设计";也可以在主界面进入"行业库""全屋硬装工具",再去单击"背景墙设计"。(图3-3-1)

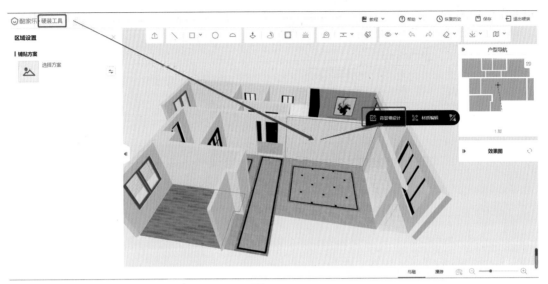

图 3-3-1

(2)进入背景墙设计界面后可以看到墙面的高度、长度,利用工具可以进行造型的设计。现在做一个有灯带造型的背景墙,与做地面造型的方式相似,先用"直线"工具进行区域划分,做一个大概的造型位置分割(图3-3-2)。

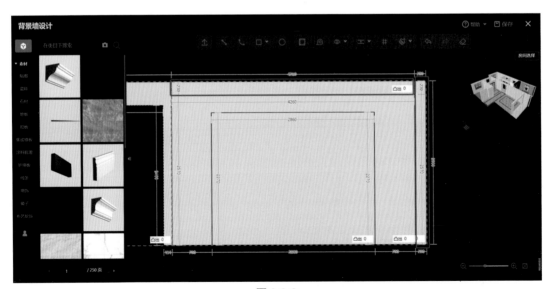

图 3-3-2

图 3-2-2 中,画红色框的两个地方分别为吊顶及窗帘的预留位置。进入"背景墙设计"后,呈现的是原始尺寸的墙面,所以去除顶面及窗帘的位置后,剩余的才是做背景墙造型的尺寸。

做灯槽方案的造型,要先对墙面进行凸出设计,再做灯槽。单击要凸出的部分,在凸出命令栏中输入凸出尺寸（图3-3-3）。注意，吊顶的预留位置也要进行凸出，方便后期做吊顶设计。

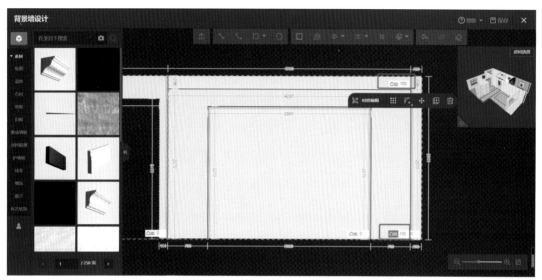

图3-3-3

（3）单击要做灯槽的三条线，在左侧面板中，打开"设置为灯带"，灯带就生成了（图3-3-4）。

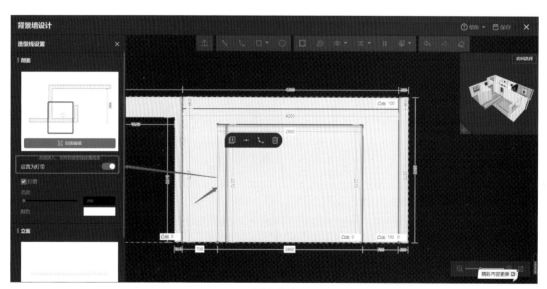

图3-3-4

如果预留的造型尺寸有变化，可以通过两种方式进行更改，一种是进入"剖面编辑"，看一下灯带的原始尺寸，返回界面，用原来的预留尺寸减去原始尺寸，再输入数字，那么在生成灯带后，就可以保持原本想预留的造型尺寸；另一种是在设置完所有的灯带后，再次单击灯带并输入数据进行更改（图3-3-5）。

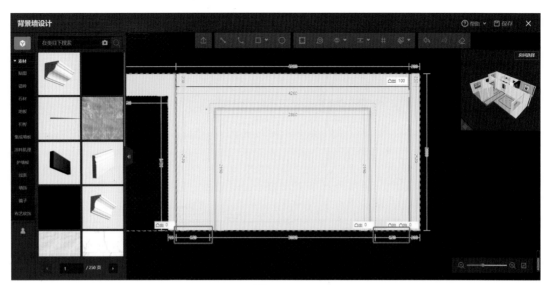

图 3-3-5

（4）做好中间的灯槽造型后，再确定两侧的造型。这里使用"矩形"工具去设计。先绘制一侧的矩形，调整尺寸位置（图 3-3-6）。

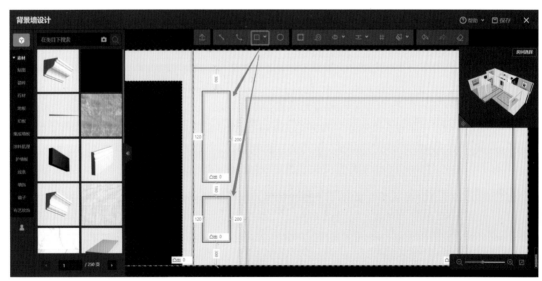

图 3-3-6

画完矩形后可以发现，矩形中间的造型尺寸默认为凸出 0，此时需要修改一下这个尺寸，因为前期做灯槽造型时，凸出的部分太深，旁边造型的部分不需要这么深的凹陷，所以在对凸出尺寸进行修改，使得后期造型更美观（图 3-3-7）。

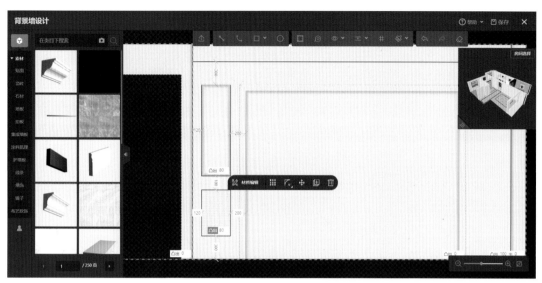

图 3-3-7

（5）然后对造型添加平线条。单击灯带三条线中的其中一条,而后单点击左侧面板中的"剖面编辑"（图 3-3-8）。

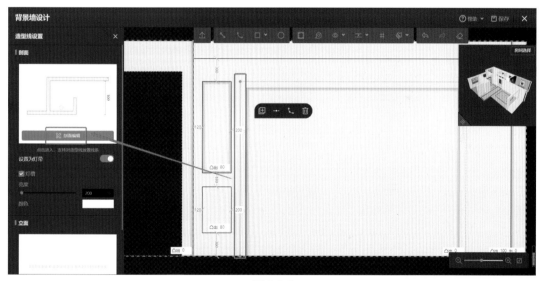

图 3-3-8

进入界面后,看到三处可以添加线条的地方。在"背景墙设计"中常用的是平线条的设计,所以添加两个位置。在红线框的位置添加花线条,常用的是 10 cm 的线条,这个方向是后期视线正面的位置,起到丰富造型的作用;在蓝线框中,添加一个平线条,这个是侧面的位置,起收口的作用（图 3-3-9）。

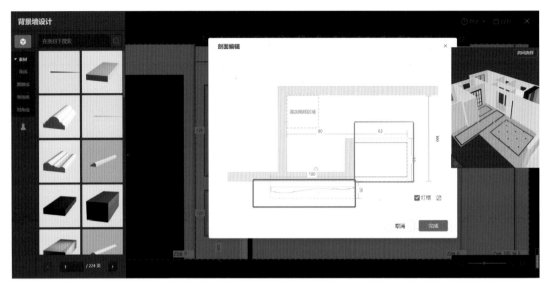

图 3-3-9

下一步调整线条的尺寸。大线条尺寸不变，需要调整的是位置，单击 10 cm 的大线条，在左侧面板中选择横向偏移 20 mm；修改侧面平线条的宽度为 20 mm（图 3-3-10）。此时细节部分已经处理完毕。

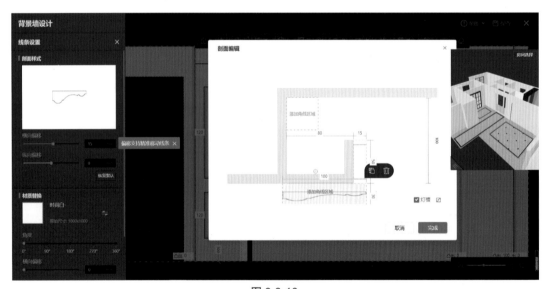

图 3-3-10

另外两边的灯带线条有两种添加方法，一种是使用上述方法；另一种是单击已经做好线条的灯带线，在弹出来的面板中单击"复制"，再单击另外两条灯带线，就复制成功了（图 3-3-11）。

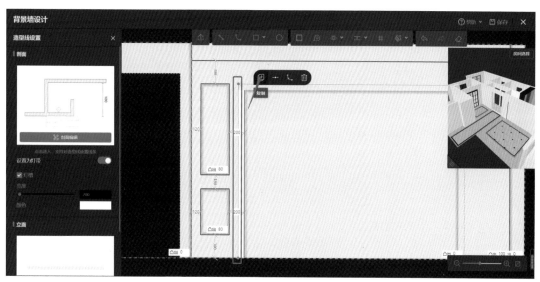

图 3-3-11

（6）接下来做旁边造型的线条放置。一般旁边的线条要比主线条小一些,这里用 3 cm 的线条。单击矩形中的任意一条线,再单击左侧面板中的"剖面编辑"进入编辑界面(图 3-3-12)。

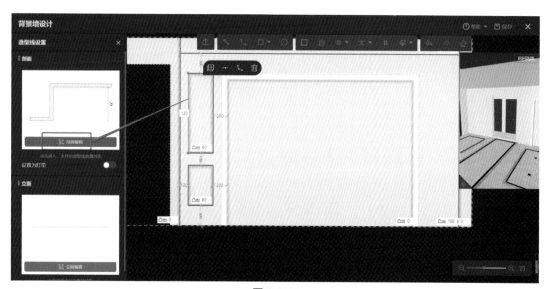

图 3-3-12

这部分和主线条的位置有所不同,在这里只放置最外线区域的线条(图 3-3-13),在红线框区域添加 3 cm 的花线条。

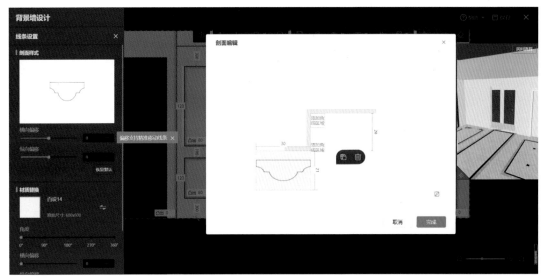

图 3-3-13

　　剩余部分的花线条,用上述复制的方法,复制到所有矩形线条部分(3-3-14)。这里要注意只需单击一次线条复制,再连续单击其余线条就可以,不需要重复复制。

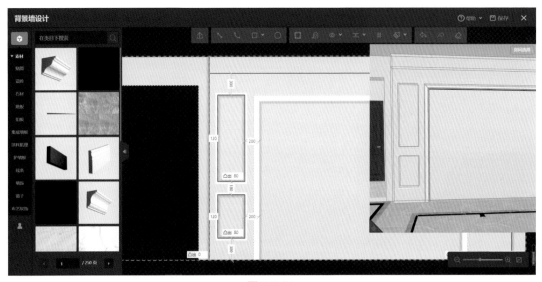

图 3-3-14

　　可以在右侧的 3D 图里,看到初步的造型效果。

　　(7)另外一边的造型通过复制的方式来实现,不需要再进行烦琐的绘制程序。按住键盘 Shift 键,全选要复制的区域,在弹出的面板中,选择"复制",这个造型即可全部复制到旁边区域(图 3-3-15)。

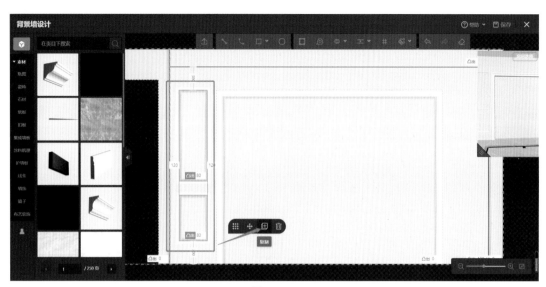

图 3-3-15

复制完成后，确定好位置，这个造型就基本完成了（图 3-3-16）。

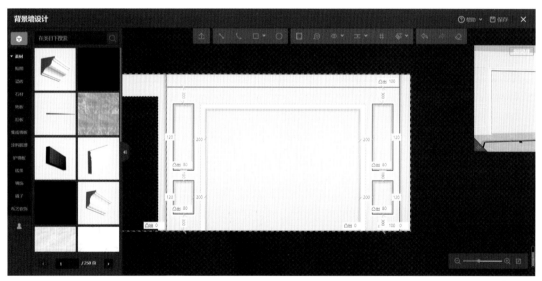

图 3-3-16

（8）由于在放置踢脚线及顶线条时，系统会自动识别吸附原墙体，所以要在立面的造型中添加凸出墙体上的踢脚线及顶线条。在左侧面板中，找到踢脚线及顶线的素材，放置于图中（图 3-3-17）。这个部分要按住 Ctrl 键，吸附单一线条，否则系统会自动识别成全部图案。

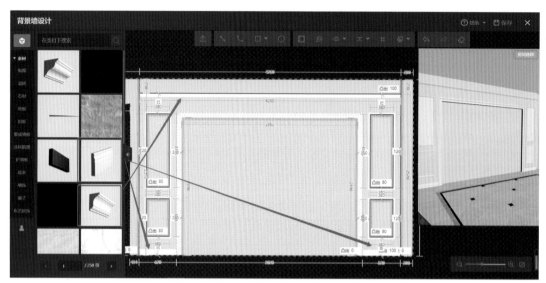

图 3-3-17

（9）最后进行材质的更改。进入每一个造型的编辑界面，将材质改为统一的白色材质，单击任意一个造型，进入"剖面编辑"，再单击花线条，在左侧面板中进行材质更换（图3-3-18）。

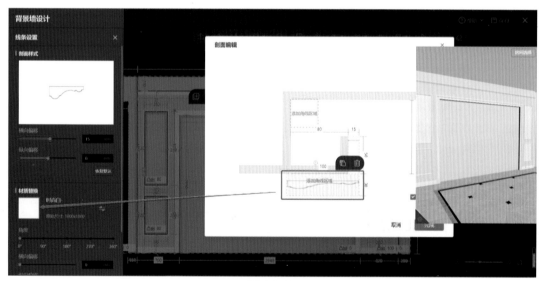

图 3-3-18

在这里也可以在最初添加花线条时，先进行材质的更改完善，再复制所有线条，这样会方便作图，当然这个前提条件是所有的造型都不再做更改。

将中间的灯槽部分附石材的材质，单击灯槽中间的面，在弹出的面板中选择"材质编辑"，找一个石材的材质，单击附材质（图3-3-19）。

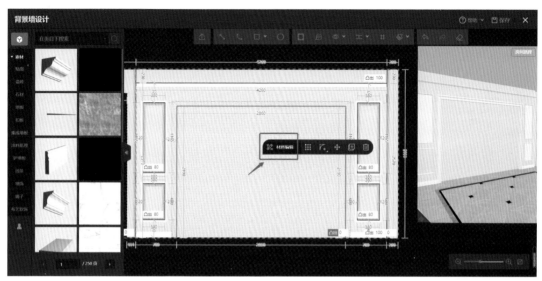

图 3-3-19

（10）将其余造型部分的材质也改为与花线的颜色一致（图 3-3-20）。用同样的方式，单击要附材质的区域，进入材质编辑界面，找到材质，单击附材质就可以了。

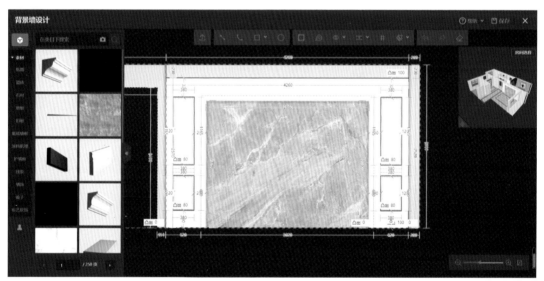

图 3-3-20

（11）给其余墙面加一个材质。这个部分要在这里完成是因为后期退出硬装界面进行墙面材质吸附的时候，系统会默认将造型墙面清空，再附另一种材质，所以要在立面编辑界面与造型墙一起完成。单击其余墙面，进入材质编辑，进行附材质（图 3-3-21）。

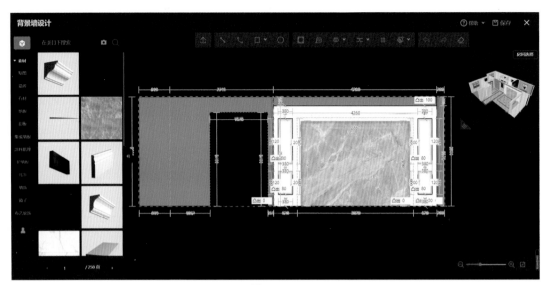

图 3-3-21

完成保存后,退出背景墙设计界面。返回全屋硬装界面后可以浏览到的背景墙造型,这时可以发现,因为墙面做了凸出设计,所以需要完成所有材质的吸附。双击造型侧面进入材质编辑界面,完成所有材质吸附(图 3-3-22),背景墙就制作完成了。

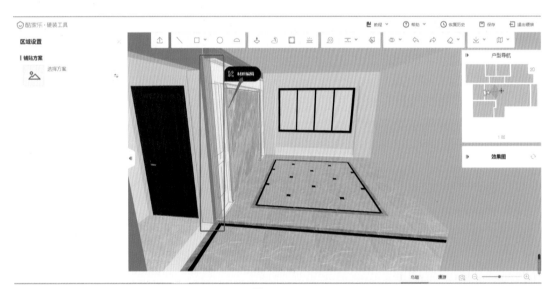

图 3-3-22

第四节　全屋硬装工具——顶面制作

本节知识点:掌握使用工具完成吊顶的设计。

(1)在全屋硬装界面单击顶面,进入"吊顶设计"(图 3-4-1)。

图 3-4-1

（2）按照地面设计的思路，先将顶面划分区域，分为餐厅、过道及客厅三个部分的吊顶（图 3-4-2）。

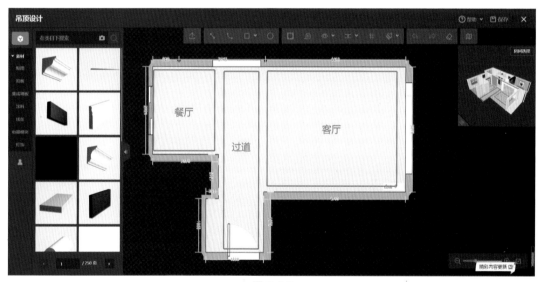

图 3-4-2

（3）与地面的造型进行相呼应的设计，将吊顶方案设计为"回"字形吊顶，在餐厅及客厅区域各设计一个。利用工具栏中的"矩形"工具绘制出矩形，餐厅及客厅部分都做有灯带，通过调整尺寸确定矩形位置（图 3-4-3）。注意调整吊顶的高度，修改每个吊顶的凸出尺寸。

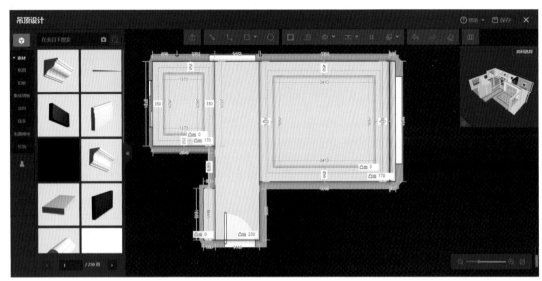

图 3-4-3

（4）与地面及墙面的设计思路和使用工具一致。在做完造型定位后，添加顶面顶线，在左侧面板中，找到顶线素材，单击放置在吊顶位置上，先放置最外沿的顶线（图 3-4-4）。

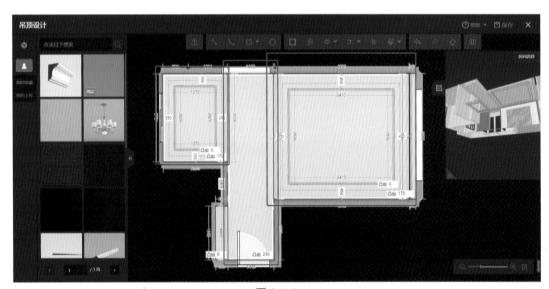

图 3-4-4

分别放置三个区域的顶线，系统自动识别造型后，发现有很多错误位置也放置了顶线，选择线条进行删除，或者按住 Ctrl 键进行单线条修改。

（5）添加内部线条，给餐厅及客厅的吊顶做内部的顶部平线条，与做电视背景墙的方式一样，单击任意一条灯带，进入"剖面编辑"，添加顶线（图 3-4-5）。这次在红色框区域添加 3 cm 的平贴花线，在蓝色框区域添加 6 cm 的花线条。

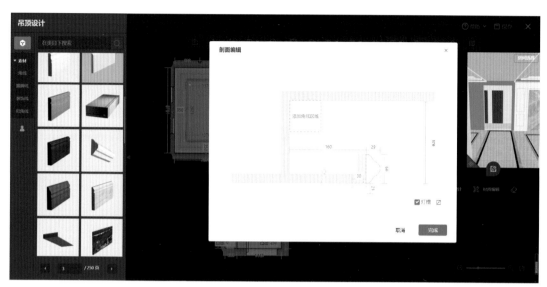

图 3-4-5

剩余部分的花线通过复制的方式添加。

（6）在客厅区域做一个 3 cm 的平贴花线放置于造型中央，用来丰富造型。使用矩形工具绘制矩形，调整尺寸，在素材区找到花线并单击，放置于矩形（图 3-4-6）。

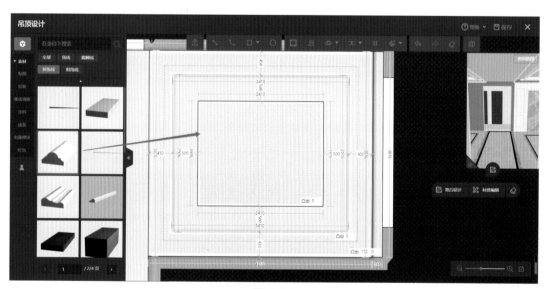

图 3-4-6

（7）最后一步放置灯具。在客厅区域放置主灯及四周的射灯，在过道区域放置射灯，在餐厅区域放置一个主灯（图 3-4-7）。

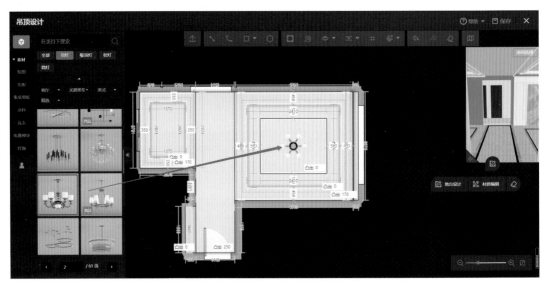

图 3-4-7

　　单击灯具,在弹出的左侧面板中调整灯具尺寸,注意勾选"等比缩放"。放置完成后,通过调整灯具距离边界的尺寸确定最终的灯具布置图(图 3-4-8)。

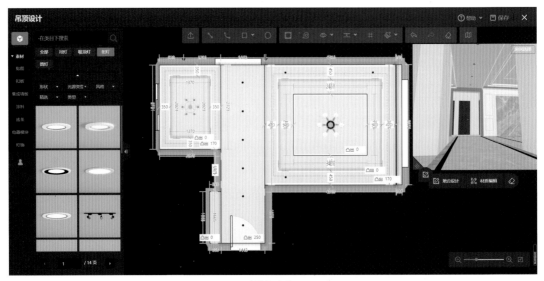

图 3-4-8

　　此时顶面设计基本完成了,保存退出后,返回全屋硬装界面可以看到整体的硬装预览图(图 3-4-9)。

图 3-4-9

全屋硬装设计这部分已基本完成,总体来说学习重点主要是对空间的把握及前期方案的规划。熟练工具栏的工具之后可以发现,无论是地面设计、墙面设计还是吊顶设计,其实都是对这些工具的重复使用。

第四章　全屋定制工具

一、本章重点

1. 熟悉全屋定制的工具界面。
2. 学会使用全屋定制工具——橱柜制作。
3. 学会使用全屋定制工具——衣柜制作。

二、学习目标

通过对本章的学习,熟练使用全屋定制的工具——制作衣柜及橱柜。

三、建议学时

16 学时

全屋定制作为家装系统中的一个重要环节,在现代市场中占有的份额越来越大。随着房地产行业的发展,人们对于空间利用极大化有了越来越高的要求,而全屋定制能很好地解决这个问题。全屋定制既能保证空间的充分利用率,又能实现美观的效果。酷家乐中,除了可以制作全屋硬装以外,也可以制作全屋的定制家具。

第一节　认识全屋定制工具界面

本节知识点:熟悉全屋定制的工具界面,了解基本功能。(图 4-1-1)

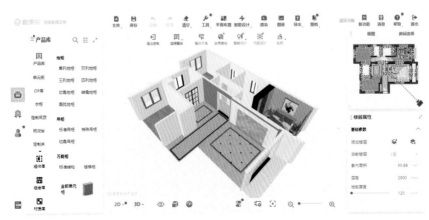

图 4-1-1

（1）打开方案，从"行业库"中进入"全屋定制工具"界面（图4-1-2）。

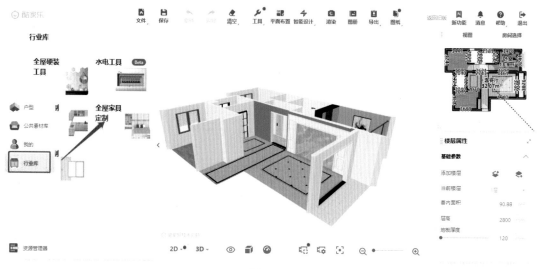

图 4-1-2

（2）进入定制界面，可以看到左侧"产品库"中的素材变为了柜子类，打开产品库下的每一个分类，详细记住每一种柜类的位置。产品库中还有饰品软装，大部分的定制都需要用产品库中的工具去完成（图4-1-3）。

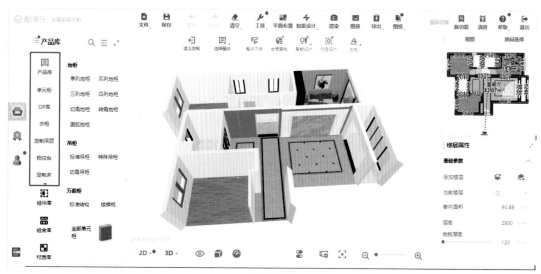

图 4-1-3

在"组件库"中都是柜类的零件，在这个界面可以编辑每一扇门板或者每一块单独的层板以及柜内的一些功能性五金（图4-1-4）。

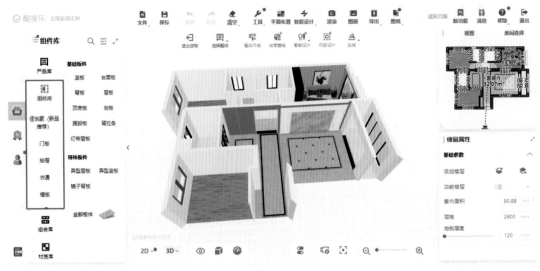

图 4-1-4

"组合库"中都是成组的柜类,包括室内每个空间的柜类,这些都可以在设计的过程中使用(图 4-1-5)。

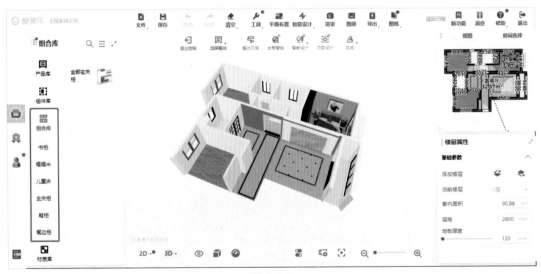

图 4-1-5

"材质库"中的材质在后期制作柜子的过程中会用到,在风格选择的选项中需要更改材质,这里是一个材质的总和(图 4-1-6)。

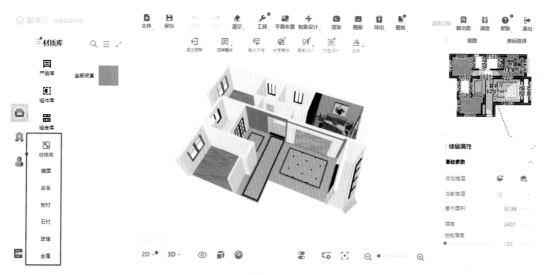

图 4-1-6

（3）在中间的工具栏中可以看到，与"选择整体"并列有一个选项，是"选择组件"，后期可与产品库和组件库联合使用。顾名思义，"选择整体"就是选择整组，"选择组件"就是选择个体，在制作过程中应随时切换，熟练使用（图 4-1-7）。

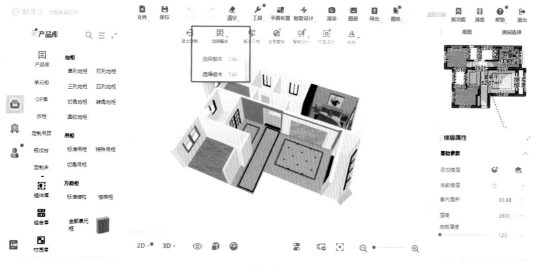

图 4-1-7

"生成"工具很重要，在制作橱柜及衣柜时，许多的组成都需要通过生成工具完成（4-1-8）。

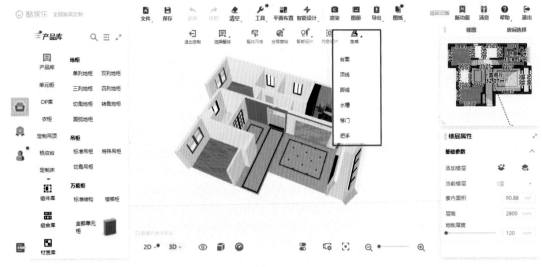

图 4-1-8

第二节　全屋定制工具——橱柜制作

本节知识点：学会定制橱柜的制作方法。

（1）在右侧视图中选择要制作橱柜的房间，在 2D 视图中，根据房间的宽度与长度去制作这套橱柜，也可以利用 CAD 先进行尺寸标注，再通过酷家乐去完成绘制（图 4-2-1）。

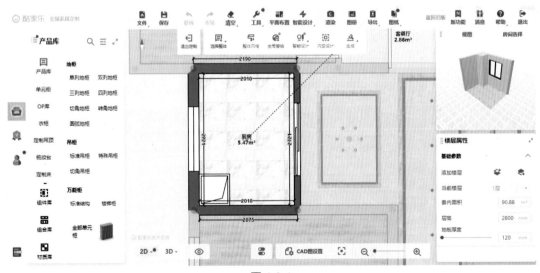

图 4-2-1

（2）单击"行业库"，选择进入"厨卫定制"界面。（图 4-2-2）

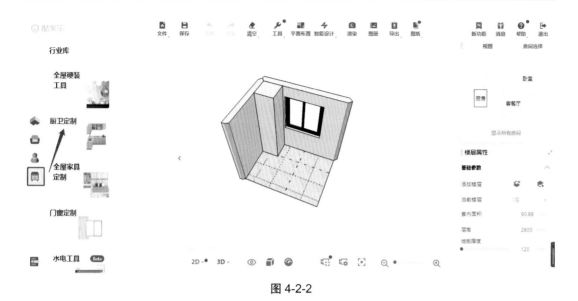

图 4-2-2

根据厨房的烟道位置及下水位置确定好放置烟机灶具及水槽的位置。先在左侧的产品库中找到这两个地柜——炉灶柜和水槽柜。

将炉灶柜和水槽柜的柜体分别设置为宽度 900 mm，高度 650 mm，放置于方案中（图4-2-3）。

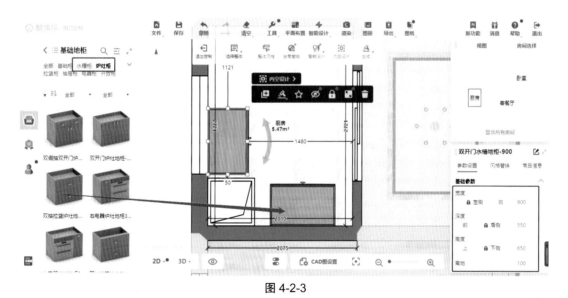

图 4-2-3

在剩余的空间放置基础地柜。由于炉灶柜的两边剩余空间不是很大，因此分别放置一组调料拉篮柜及案板柜（图 4-2-4）。剩余部分做地柜调整板，在"特殊板件"中选择"地柜封板"，放置于合适的位置，此时炉灶柜的墙面地柜就摆放完成了。

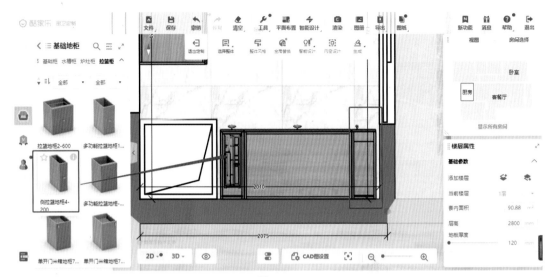

图 4-2-4

在水槽柜的墙面左侧部分放置一组单开门的地柜，宽度为 400 mm，高度为 650 mm。放置完成后做第三面墙的设计。这个部分设计一组带有嵌入式电器的高柜及地柜加吊柜的组合模式，与前面的方法相同，在产品库中先找到高柜，确定好位置，再进行放置（图 4-2-5）。

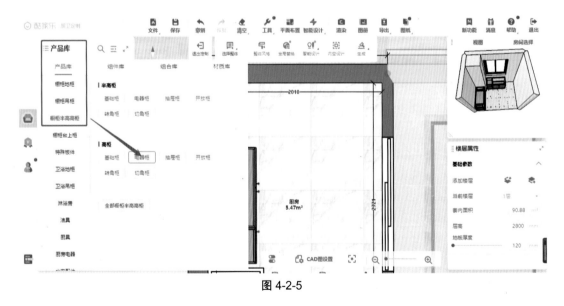

图 4-2-5

将高柜的高度设置为 2 100 mm。注意高柜的侧面要做一块高柜见光板，这个地方可以利用地柜的见光板进行修改（图 4-2-6）。

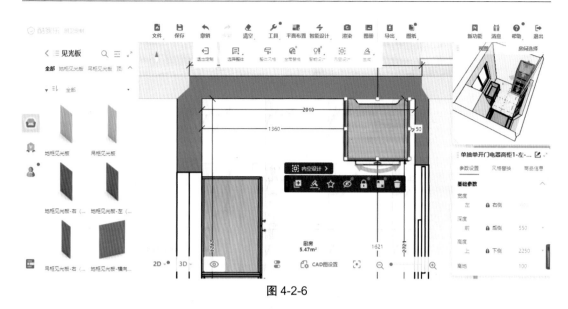

图 4-2-6

高柜距离墙面的剩余空间做一组转角地柜，宽度为 980 mm，转角柜门宽为 400 mm。在转角柜及高柜中间放置一组单开门地柜。此时，第三面墙地柜摆放就完成了（图 4-2-7）。

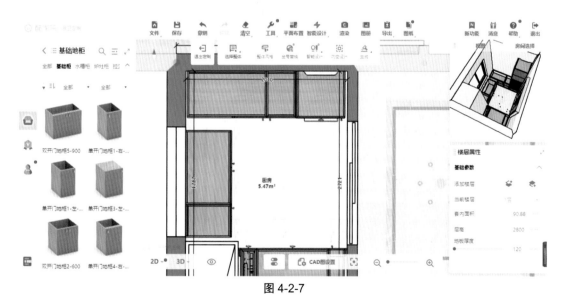

图 4-2-7

最后调整水槽柜墙面的地柜，修改水槽柜宽度为 850 mm。除去调整板位置，将原先左侧 400 mm 宽的地柜改为宽度为 590 mm 的抽屉柜，这面墙设计为水槽柜加抽屉柜组合的模式。最终，三面墙的地柜摆放完成了（图 4-2-8）。

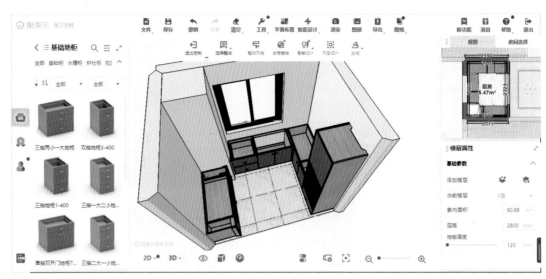

图 4-2-8

放置完成后,将台面、地脚进行生成。在工具栏中选择"生成台面",如果默认全部选择,就可以直接在右侧面板中选择台面的材质及修改参数,完成生成;如果有不需要台面的地方,可以先按 Shift 键逐个加选,再修改材质和参数,完成修改(图 4-2-9、图 4-2-10)。

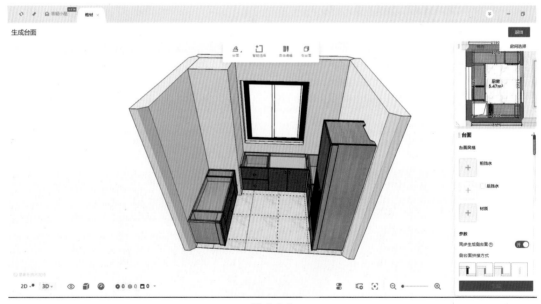

图 4-2-9

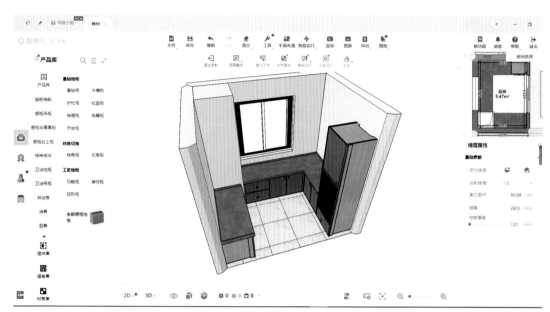

图 4-2-10

使用与前面相同的方法,在工具栏中选择"生成脚线",选择要生成脚线的柜子,在右侧面板中修改参数,生成踢脚线(图 4-2-11)。

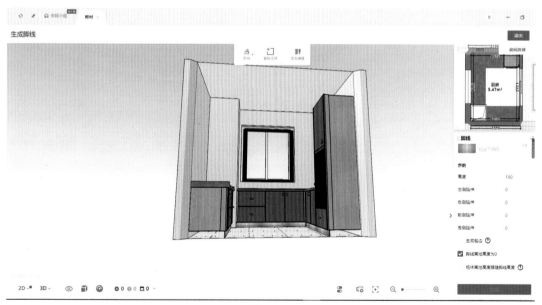

图 4-2-11

接下来做吊柜部分。用与排列地柜相同的方式,先分析结构,从图上看可以做双面的吊柜,一侧包裹烟机,一侧做储物柜。

进入"橱柜吊柜",先做"电器柜",尺寸定为宽度 900 mm,高度 700 mm,深度 400 mm,离地 1 500 mm,放置于模型中,与炉灶柜地柜对齐,在电器柜的两侧做两个对称的"开放柜",在"开放柜"的两侧添加吊柜封板(图 4-2-12)。

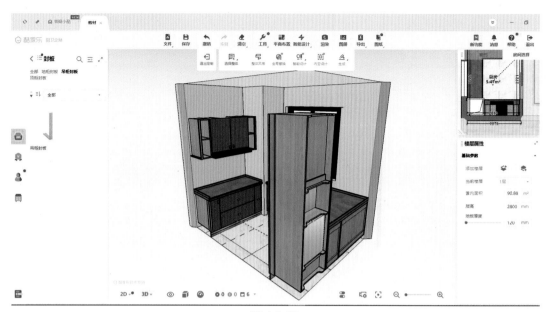

图 4-2-12

在对面一侧做一组单开门和一组双开门的吊柜,深度为 350 mm(图 4-2-13)。

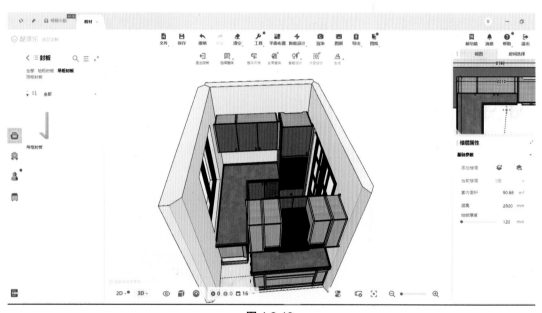

图 4-2-13

在工具栏中单击"生成顶线",给吊柜添加顶线(图 4-2-14)。

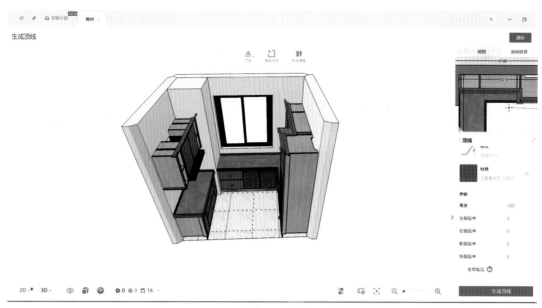

图 4-2-14

（3）橱柜部分制作完成后可以对柜子的风格及材质进行修改。在工具栏中单击"选择整体"先对柜体进行材质的修改，在左侧面板中选择"风格替换"即可进行材质的修改。（图4-2-15、图 4-2-16）。

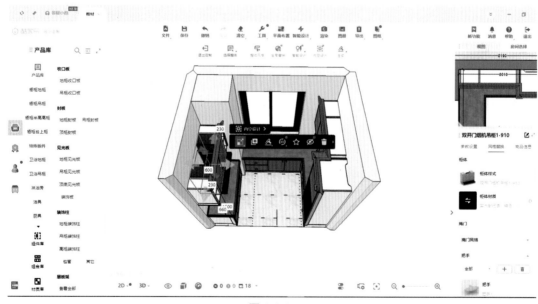

图 4-2-15

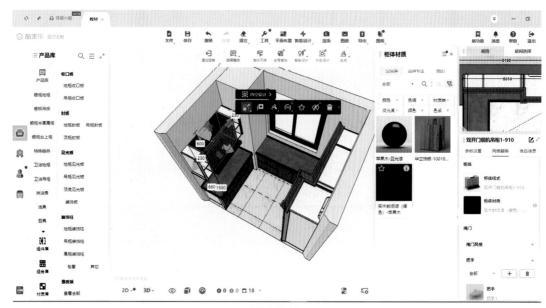

图 4-2-16

在修改完一组后，可以单击"工具"→材质刷修改其余的柜子材质（图 4-2-17）。

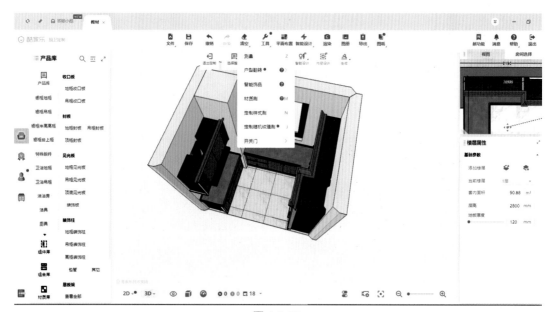

图 4-2-17

在工具栏中，将"选择整体"更换为"选择组件"，然后选择柜子门板，在左侧面板中选择"风格替换"，更换门板的样式、材质及拉手的样式，门板更改一组后，可以用"工具"→"定制样式刷"进行更改（图 4-2-18、4-2-19）。

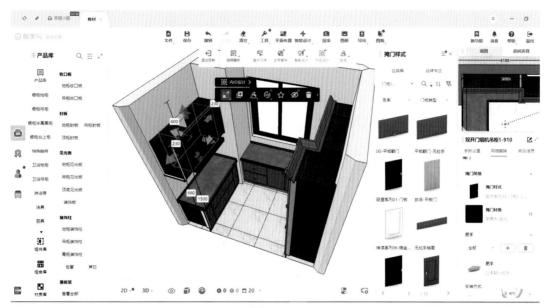

图 4-2-18

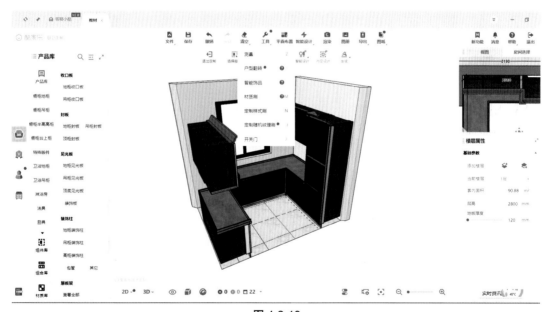

图 4-2-19

更改完门板风格和拉手后,将"选择组件"切换回"选择整体",用"材质刷"将调整板及顶线刷成与门板一样的材质及颜色(图 4-2-20)。

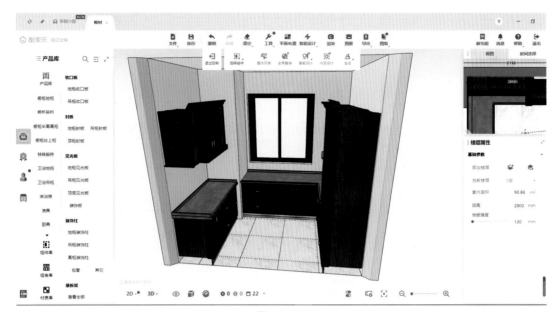

图 4-2-20

在工具栏中选择"生成水槽",单击要装水槽的柜体,在左侧面板中选择水槽样式,完成水槽的生成。选择"生成灶台",单击要装炉灶的柜体,在左侧面板中选择灶台样式,完成灶台的生成(图 4-2-21)。

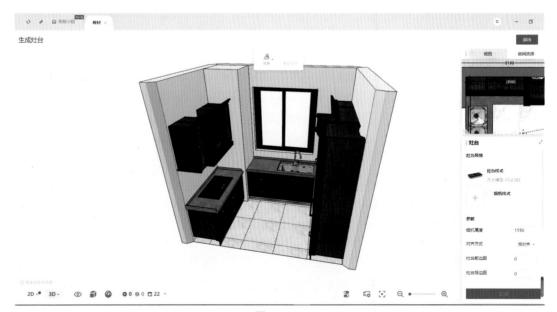

图 4-2-21

现在给橱柜做一个简单的装饰。在工具栏中选择"智能设计"→"智能饰品"(图 4-2-22),在弹出的右侧面板中选择合适的布局(图 4-2-23)。

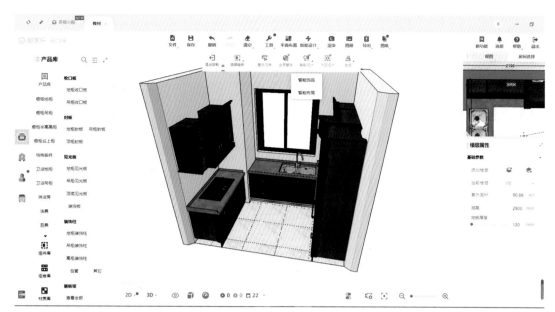

图 4-2-22

图 4-2-23

　　至此就完成了整个橱柜的设计,只要熟练掌握各个柜组的位置和尺寸,就可以轻松、快捷地完成各种风格的橱柜方案(图 4-2-24)。

图 4-2-24

第三节　全屋定制工具——衣柜制作

本节知识点：学会定制衣柜的制作方法。

（1）选择次卧的空间，做一下次卧衣柜的设计。选择"行业库"→"全屋家具定制"进入衣柜的定制空间（图 4-3-1）。

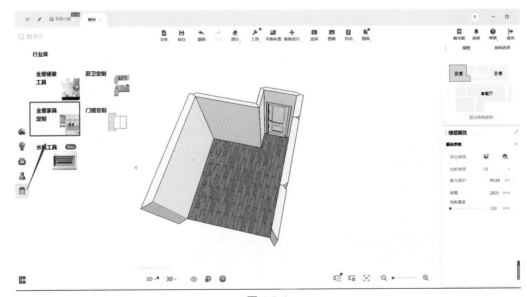

图 4-3-1

在左侧弹出的面板中，有"产品库""组件库""组合库""材质库"，其中最常用的是产品库及组件库,我们要熟练掌握这里面的内容(图 4-3-2)。

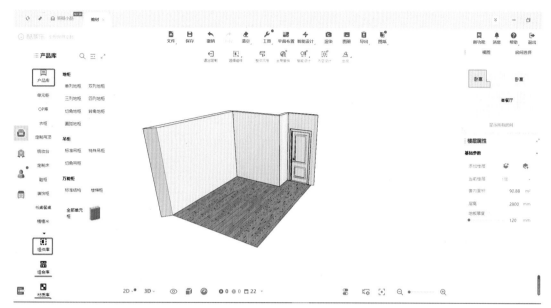

图 4-3-2

打开产品库后,要熟悉每一个版块中的柜子内容。打开"衣柜"版块,可以看到衣柜中有掩门衣柜、趟门衣柜、开放衣柜及边柜、收口板这些板块,可以根据空间的需求去选择柜子类型。

在这里选择掩门衣柜去制作。单击掩门衣柜底柜,根据图中尺寸,可以制作五扇门的衣柜,所以先选择一组三门衣柜,再组合一组双门加抽屉的衣柜,放于模型图中。做的过程中,在右侧面板中可修改柜子参数(图 4-3-3)。

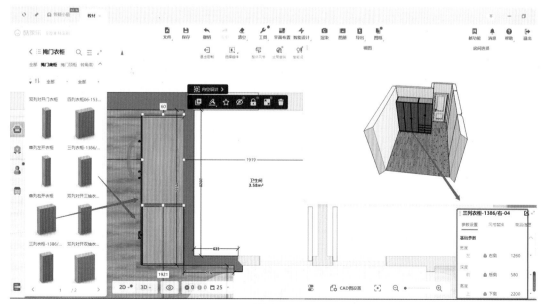

图 4-3-3

放置完底柜后，继续选择"掩门顶柜"，选择相应的顶柜，放置于模型中，修改参数（图4-3-4）。

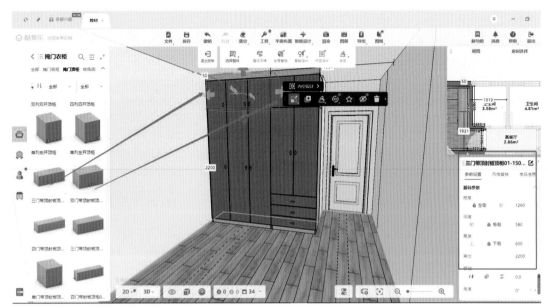

图 4-3-4

放置完所有柜子后，去"衣柜"→"收口/见光"板块给衣柜添加调整板。在"产品库"→"通用板件"→"封板"中选择"右前顶封板"，即可给顶柜添加顶板（图4-3-5）。

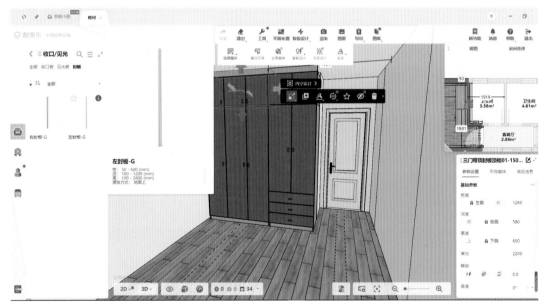

图 4-3-5

完成衣柜的模型后，与橱柜的做法一致，单击柜子，进行风格及材质的修改（图4-3-6）。

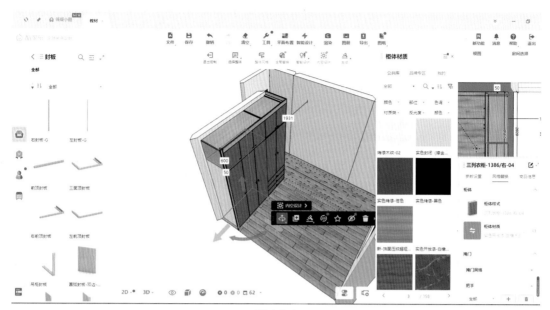

图 4-3-6

利用材质刷工具，更改其余柜子的柜体材质（图 4-3-7）。

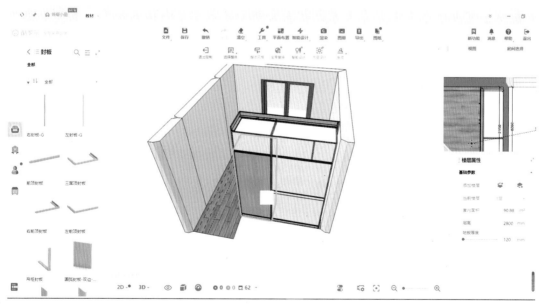

图 4-3-7

更改完柜体后再修改掩门的材质、样式及拉手的样式（图 4-3-8）。

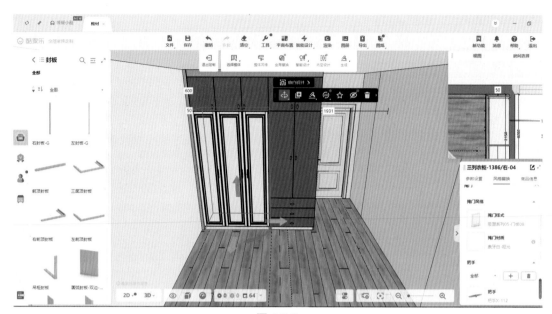

图 4-3-8

衣柜掩门的样式、材质及拉手更改完成后,利用工具中的定制样式刷,修改其他柜门的材质及样式,同时拉手也做了更改,不需要一一去更改拉手的样式,方便快捷(图 4-3-9)。

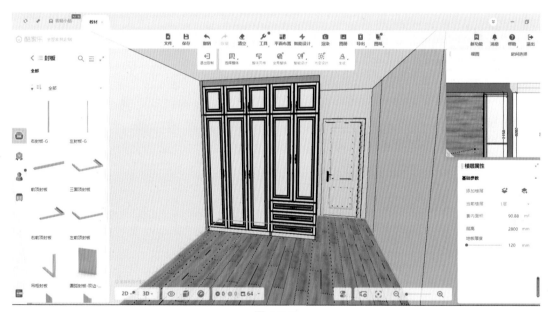

图 4-3-9

最后,将调整板及顶板刷成与门板一致的颜色,就完成了柜子的外观设计。

接下来将工具栏中的"选择整体"切换为"选择组件",然后选择门板,在弹出的界面中选择"隐藏",将柜门都隐藏,方便设计内部柜子格局(图 4-3-10)。

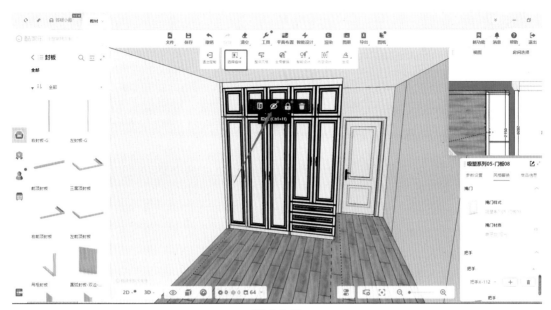

图 4-3-10

在我们选择的衣柜底柜中,有些默认的内部格局,根据设计需求可以采用,也可以删除后重新设计。我们在左侧的面板中,选择组件库,在其中选择自己需要的板子及五金即可(图 4-3-11)。

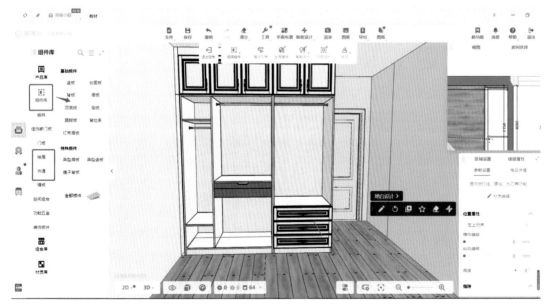

图 4-3-11

设计完成后,在页面的下方找到显示图案,将隐藏的门板显示出来(图 4-3-12)。

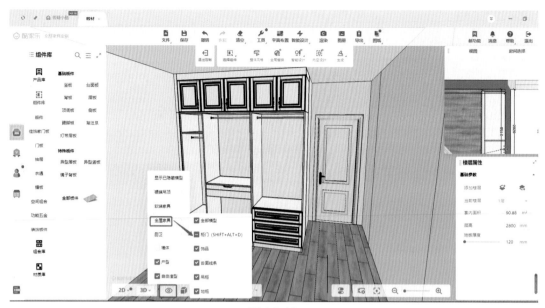

图 4-3-12

至此,次卧的衣柜设计就完成了。制作方法及使用工具与橱柜定制中的大体相似,在设计时要注意随时切换"选择整体"及"选择组件",并且熟练掌握每个柜子所在的板块,才能有效、快捷地制作定制柜(图 4-3-13)。

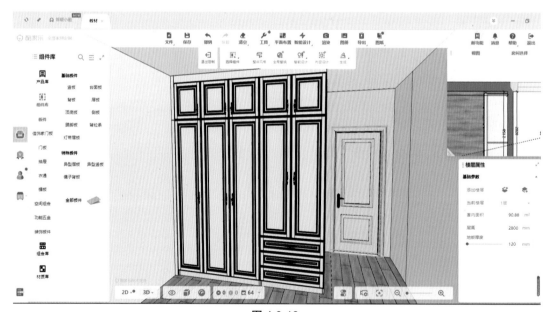

图 4-3-13

定制部分比较难掌握的是最基础的定制理论知识,柜子的组装结构、制作效果图并不难。尤其在酷家乐软件中,柜子基本都是成组设计好的,直接使用系统模型进行制作就可以,很方便。熟练掌握工具的使用方法后会发现定制的效果制作很简单。

第五章 优秀案例

一、本章重点

通过欣赏优秀的案例,整理前期学过的基础制作知识,并学习优秀案例中好的制作方法和设计效果。

二、学习目标

通过对本章的学习,整理前期的基础制作思路,学习优秀案例的制作方法。

三、建议学时

4 学时

本章节将与大家分享两个不同风格的案例,说明通过酷家乐可以制作出完整、美观的室内效果,达到后期所见即所得的目标。

案例一:筑·巢

本案例为一个复式户型,整体面积为 80 平方米左右。常住人口为一家五口,两位年轻夫妇、一位两岁的小孩、两位老人,客户要求一楼除了公共区域外,要多隔出一间卧室给老人住,以方便老人行动;二楼主要有一间书房、一间主卧室、一间卫生间。

设计师将设计风格定位为北欧风格,整体家居简约舒适。客厅以白色和木色为主,因为空间较小,白色在视觉上有扩大空间的效果,电视背景墙做了一整块的石材,简单大气(图5-1-1)。

图 5-1-1

客厅主要的设计点是对吊顶、背景墙的设计，这两部分通过硬装工具都可以完成。

厨餐厅做成了一个开放空间，通过简单的木纹色搭配白色，凸显风格，这一部分主要在厨卫定制版块中完成（图 5-1-2）。

图 5-1-2

　　楼梯部分的设计同样在硬装工具中通过画线、凸出就可以完成,楼梯柜通过全屋定制工具可以完成(图 5-1-3、图 5-1-4)。

图 5-1-3

图 5-1-4

一楼隔出来的房间做成了榻榻米空间,既能满足居住,又具有储物及学习功能(图 5-1-5、图 5-1-6)。

图 5-1-5

图 5-1-6

卫生间区域整体以灰色调为主（图 5-1-7）。

图 5-1-7

二楼硬装设计部分不多，主要集中在定制板块，色彩搭配也主要以简约风为主（图 5-1-8、图 5-1-9）。

图 5-1-8

图 5-1-9

　　书房与主卧设计在一个空间中,用隔断隔开,有增大空间的感觉,同时也满足了客户的需求。

　　在多余的空间给女主人定制了一个衣帽间,满足储物需求(图 5-1-10、图 5-1-11)

图 5-1-10

图 5-1-11

　　另外一个空间比较小，设计了一个次卧作为客房，或者孩子长大后居住的房间（图 5-1-12）。

图 5-1-12

案例二:小美风情

　　这是一个二室两厅的房子,建筑面积共为 120 平方米,一家二口居住。客广是做美式家具的,房子主要是为即将来上大学的孩子而准备的,所以为了搭配后期的美式家具,整体设计风格为小美式。

　　客餐厅为一体空间,造型主要是对吊顶加灯带、电视背景墙及地面拼花的设计,这几个部分同样在硬装工具界面可以完成,整体色彩搭配樱桃木色(图 5-2-1、图 5-2-2)。

图 5-2-1

图 5-2-2

主卧的主要设计点在吊顶线条及床头背景墙的软包（图 5-2-3）。

图 5-2-3

次卧及客卧主要设计板块在定制部分。次卧设计成比较常见的床加衣柜，客卧设计了一组榻榻米加书桌柜，在色彩搭配上，榻榻米房改为亮丽的白色加橙色，显得空间更加活泼（图 5-2-4、图 5-2-5）

图 5-2-4

图 5-2-5

　　通过这些案例可以发现,不管什么样的风格和造型,都可以通过酷家乐的各个板块来完成。公共素材库中的现有模型也可以任我们挑选,达到制作精美设计方案的目的。所以我们要做的是熟悉各个板块的工具,熟悉各种材质,熟悉以后还要多加练习,学会在设计与制作中去熟练运用。